THEORY AND METHOD OF FLOOD RISK ANALYSIS AND DISASTER ASSESSMENT IN COMPLEX TERRAIN

复杂地形洪水风险分析及灾害评估理论与方法

刘懿 郭俊 宋利祥 邹强 廖力 著

华中科技大学出版社
http://press.hust.edu.cn
中国·武汉

内 容 简 介

本书系统地介绍了洪水风险分析与灾害评估的理论、方法的研究进展及应用示范情况,主要内容包括洪水风险分析与灾害评估概论,洪水敏感区域水文特征分析与预报,复杂边界和地形上水动力洪水演进数值计算,洪水灾害风险分析理论与方法,洪水灾害动态评估及多级综合评价方法,洪水风险分析与灾害评估应用示范系统开发、集成及应用,以及洪水风险分析与灾害评估理论和方法应用示范。

本书可作为水文学及水资源、环境科学、生态科学、水利工程等专业领域的科技工作者、工程技术人员的参考书,也可作为高等院校高年级本科生和研究生的教材。

图书在版编目(CIP)数据

复杂地形洪水风险分析及灾害评估理论与方法 / 刘懿等著. -- 武汉 : 华中科技大学出版社,2024.9. -- ISBN 978-7-5772-0745-2

Ⅰ. P426.616

中国国家版本馆 CIP 数据核字第 20245UD521 号

复杂地形洪水风险分析及灾害评估理论与方法
Fuza Dixing Hongshui Fengxian Fenxi ji Zaihai Pinggu Lilun yu Fangfa

刘懿 郭俊
宋利祥 邹强 著
廖力

策划编辑:王汉江
责任编辑:刘艳花
封面设计:原色设计
责任校对:张会军
责任监印:周治超
出版发行:华中科技大学出版社(中国·武汉)   电话:(027)81321913
     武汉市东湖新技术开发区华工科技园   邮编:430223
录 排:武汉市洪山区佳年华文印部
印 刷:武汉科源印刷设计有限公司
开 本:710mm×1000mm 1/16
印 张:13.75 插页:2
字 数:272 千字
版 次:2024 年 9 月第 1 版第 1 次印刷
定 价:68.00 元

前 言

　　洪水是一种低概率、高危害的社会致灾因素,尤其是对于高坝大库和大江大河的堤防工程,一旦洪水爆发,危害巨大,将会严重危害国家公共安全。随着国家经济的发展、城市化进程的加快,以及社会转向"以人为本"的发展模式,这种低概率、高危害的灾害风险问题越来越成为人们关注的重点。洪水的形成是气象、水文、地质、材料、结构以及人类活动等多种因素在不同时间、不同空间尺度上综合作用的结果。这些外在致灾因子、孕灾因子存在不确定性,直接导致了洪灾的复杂性,多场耦合因素的作用机制增加了对洪水成灾风险识别和调控的难度。因此,著者在国家"973"课题、国家重点研发计划及国家自然科学基金的资助下,开展了卓有成效的研究工作,在洪水灾变系统不确定性分析、洪灾全过程模拟、不确定条件下洪水成灾机制、洪灾风险分析理论及其致灾后果评估方法、洪灾风险分析与灾害评估应用示范系统集成关键技术等若干研究方向实现了重要突破和创新,从经典洪水灾害评估与风险分析方法发展到多重复杂约束条件下的多维时空尺度评估、分析和决策系统动力学方法,解决了一系列重大科学问题,为项目建立洪水致灾过程模拟、预报和致灾后果评价理论与方法体系提供了坚实的理论基础和应用典范。本书是这一研究方向主要工作成果的初步总结。

　　本书共7章。第1章简述洪水风险分析与灾害评估的研究背景、洪水灾害系统基本特征,以及洪水风险分析与灾害评估的目标和任务,由刘懿、郭俊执笔。第 2 章讨论洪水敏感区域水文特征分析与预报,由郭俊执笔。第 3 章讨论复杂边界和地形上水动力洪水演进数值计算,由宋利祥执笔。第 4 章讨论洪水灾害风险分析理论与方法,由邹强执笔。第 5 章讨论洪水灾害动态评估及多级综合评价方法,由廖力执笔。第 6 章讨论洪水风险分析与灾害评估应用示范系统开发、集成及应用,由刘懿执笔。第 7 章介绍洪水风险分析与灾害评估理论和方法应用示范,由刘懿执笔。全书由刘懿统稿。

中国工程院张勇传院士在本书的编写和出版过程中给予了诸多指导、督促和建议;毕胜、张华杰、杨小玲、何耀耀、张炜、潘立武、王玉春、韦春夏、谢田、宁文瑶、周圣杰、徐赫等校友在本书的研究和成书过程中给予了我们大量的支持;舒海润、王馨莹、张云康、覃炀扬、邓振瀚、顾子也等在校研究生参与了本书的资料整理与文稿校订。在此一并致以衷心的感谢。

本书由"十四五"国家重点研发计划项目"粤港澳大湾区衍生复合灾害评估与应急避险关键技术"(2021YFC3001000)、"十四五"国家重点研发计划项目"流域性大洪水场景推演及预案关键技术"(2022YFC3002704)、"十四五"国家重点研发计划课题项目"三水融合流域智慧管理平台构建及应用示范"(2023YFC3209105)、国家自然科学基金资助项目"长江流域水库群联合调度数字孪生构建方法研究"(U2340211)、湖北省自然科学基金面上项目"基于区块链的湖北省小流域防洪数据治理技术研究"(2022CFB042)资助。

限于著者水平,书中难免有不妥及错误之处,敬请读者批评、指正。

著者

2024 年 4 月于喻园

CONTENTS
目 录

第1章

洪水风险分析与灾害评估概论

　　我国病险水库多且分布广、洪水突发性强,严重危害国家公共安全。洪涝灾害已成为国家防灾减灾工作中的一个突出问题,是社会经济持续发展的重要制约因素。针对目前洪水灾害仍然频频发生,防灾减灾形势十分严峻的现状,我国已逐步实施洪水灾害防治国家战略,迫切需要致灾机理及预报理论、风险分析与灾害评估方法等方面的科学支撑。本书以孕灾、致灾、承灾因子,以及洪水形成、发展、致灾过程的不确定性对灾害预测影响的分析为基础,基于不确定性分析理论研究多场耦合作用下洪灾风险,并结合多场耦合和灾害突变等复杂灾变动力系统分析的原理,采取不确定性复杂多场耦合大系统分析的数理科学研究思路,借鉴洪水灾害分析、评估、量化指标描述的理论和方法,考虑自然、社会、经济、环境等诸多方面的影响,通过系统模拟与多判据评价,揭示灾变系统的不确定性,研究灾害评估标准体系与评估方法,提出社会、经济、生态环境对洪灾的相对敏感性和临界规模量化分析的理论与方法,建立灾害多级风险综合评判指标体系,最终建立基于不确定性分析的灾害风险评估系统,发展面向过程的多目标模糊多场耦合层次风险分析的理论与方法体系,为我国洪灾风险等级的划分提供理论和技术支撑,同时也为洪灾风险调控措施的制定提供科学的依据。

1.1　洪水风险分析与灾害评估研究背景

　　洪水作为一种自然灾害,对人类和环境造成巨大的影响。随着全球气候变化的加剧和人类活动的影响,洪水风险也逐渐增加。洪水可能导致人员伤亡、财产损失、基础设施破坏以及生态系统破坏。因此,了解洪水的潜在风险及对社会、经济和环境的影响至关重要。洪水风险分析与灾害评估是对洪水灾害潜在风险和可能造成的损失进行研究和评估的过程。在进行洪水风险分析与灾害评估研究时,需要量化分析洪水的危险性,并评估社会经济系统的易损性,还要考虑土地利用变化、人口分布、河道和城市化过程、河流堵塞和土壤侵蚀等其他可能影响因素,为洪水风险管理提供依据和应对策略。

我国洪水灾害频发,安全保障体系还很不完善,防洪形势依然严峻。我国七大江河下游大都是平原地带,部分地段已经成为地上悬河,而这些地区也正是我国人口稠密、科技及经济发达的地区,一旦发生洪水灾害,所造成的经济损失及人员伤亡将是无法估量的。例如,长江荆江大堤地势险要,历史上筑堤质量不高,存在严重的安全隐患,在高水位条件下,管涌、坍塌险情不断。同时,气候变化可能导致极端水文事件发生的概率显著增加,再加上地震、滑坡、人为破坏、施工质量等潜在因素的影响,我国诸流域洪水产生严重灾害的可能性普遍存在,从而对国家公共安全、人民生命财产安全及社会经济可持续发展构成严重威胁。洪水灾害的防治已成为国家防灾减灾工作中的一个突出问题。开展复杂条件下洪水机理、风险分析理论与灾害评估方法研究既是我国提升重大自然灾害防御能力的迫切需求,也是保障社会经济可持续发展、人民生活安定和谐的重大战略需求。

1.2　洪水灾害系统基本特征

随着国家经济的发展、城市化进程的加快以及社会转向"以人为本"的发展模式,洪水灾害风险问题越来越成为人们关注的重点。洪水灾害系统的基本特征主要包括以下几点。

1. 不确定性

洪水的形成是气象、水文、地质、材料、结构以及人类活动等多种因素在不同时间、空间尺度上综合作用的结果。洪水是否成灾以及成灾的具体规模,既取决于洪水本身的内在特性,也取决于外部触发条件以及社会经济系统状态。孕灾、致灾和承灾因子,以及洪水形成、发展和致灾过程具有不确定性,使得洪水系统存在显著的不确定性。

2. 动态性、非线性

洪水灾害系统是一个动态系统,其中水位、水流速度、降雨量等要素都在不断变化。洪水的发生和演变过程是一个动态的过程。分析该过程需要对时间和空间的变化进行综合考虑。洪水灾害系统的响应和效应通常是非线性的,小的变化可能导致非线性的影响,例如河流水位的微小上升可能导致堤坝决口或洪水泛滥。

3. 复杂多维广义耦合

洪水灾变系统是一个复杂的多场耦合动力系统,涉及面广、层次较多、关系复杂。无论是孕灾、致灾和承灾因子,还是洪水形成、发展和致灾过程,其中都交织着物质流、能量流和信息流的复杂映射关系,这些作用关系相互耦合,极为复杂,使得洪水灾害系统呈现出复杂、多维广义耦合特征。

1.3　洪水风险分析与灾害评估的目标和任务

洪水风险分析与灾害评估主要研究内容如下。

1. 洪水敏感区域流域水文特征分析与预报

洪水敏感区域流域水文特征分析与预报涉及水文过程的高度非线性、时空异质性以及多因素交互影响,这些特征的分析对洪水预报具有重要影响。针对流域局部区域复杂多变的气候因素和水文特性,开展洪水敏感流域的洪水流量过程演化特征分析;为克服传统基于单一目标的水文模型参数优化率定方法不能充分、全面挖掘水文系统不同动态行为特征的缺陷,提出一种高效、多目标优化方法,以准确刻画水文系统不同时空尺度动力学变化特性,实现极端气候条件下复杂水文系统短期洪水高精度预报;结合经典的水文模型不确定性分析方法(SCEM-UA 算法),分析模型参数和模型预报结果的不确定性分布特征,为全面了解模型预报性能提供更直观的认识。

2. 复杂边界和地形上水动力洪水演进数值计算

为分析洪水灾害风险和实现致灾过程预报与灾害评估,水动力洪水演进数值计算成为研究的重点问题之一。针对传统方程导致基于斜底三角单元和中心型底坡项近似方法的数值模型需要,构造动量通量校正项以及所构造的动量通量校正项可能引起的计算失稳问题,提出二维浅水方程的一种改进形式。针对水流具有地形复杂、大间断解、流态多样和动边界等特点,以及基于静水和谐条件的传统地形源项处理技术在大起伏地形上的不足,基于带源项的一维浅水方程,利用单元界面两侧水流参量所满足的间断条件,提出集成底坡源项的一维浅水方程近似 Riemann 求解器。进一步,针对具有复杂计算域和强不规则地形的洪水演进数值模拟,基于浅水二维水动力学理论,综合考虑底坡项、摩阻项和干湿界面对水流的影响,建立求解二维浅水方程的高精度 Godunov 型非结构有限体积模型;围绕传统底坡项处理技术应用于复杂地形时的不足,将底高程定义于单元顶点,提出基于水位-体积关系的斜底单元模型,提高格式的干湿界面处理能力;采用单元中心型底坡项近似,并通过构造通量修正项,保证计算格式的和谐性;从理论上分析并证明摩阻项可能引起的刚性问题,并提出一种能有效克服摩阻项刚性问题的半隐式计算格式。将研究工作提出的二维水流数值计算模型的准确性和鲁棒性在经典算例中验证,在实际工程计算中应用。

3. 洪水灾害风险分析与评价的理论和方法体系研究

针对不同情景组合模式下的洪水成灾机制,研究灾变系统中孕灾、致灾、承灾等风险因子,以及洪水形成、发展、致灾过程的不确定性对洪水灾害的影响;从层次结构和不同空间尺度对洪水灾变系统进行风险辨识,在易损度、危险度和承损度等多个不同层面,分别分析相应的洪水灾害风险;开展孕灾、致灾、承灾因子以及洪水过程的参数敏感性分析,建立多结构化、参数化的洪水灾害风险分析多级混合指标体系;采用层次分析法、多元分析法、面向对象分析法和模糊逻辑推理法等对该指标体系进行量化分析;考虑多种影响因子及洪水演进过程的不确定性,分析洪水的生命风险、经济风险、环境风险和社会风险,确定洪水的可接受风险和可容忍风险,建立失效概率(风险率)、经济损失风险值、生命损失风险值多维约束下的洪水的风险指标体系;引入随机理论和人工智能等先进的分析方法,建立复合因素作用下洪水风险分析的理论和方法;为洪水风险等级划分提供指导,为洪水灾害风险评估系统设计与开发提供依据。

4. 洪水时变效应及其灾害的多级模糊与动态评估方法研究

洪水灾害一旦发生,其影响规模和范围以及所产生的灾害损失需要得到快速评估,以便于救灾预案的制定和实施。在洪水灾害风险分析与评价理论的基础上,从人口和社会财产分布等承灾因子构成的承灾子系统入手,通过对洪水灾变系统中承灾子系统的分解与辨识,研究承灾子系统中人类、社会、经济和生态环境等各要素对不同洪水模式的相对敏感性及其时空动态响应,获得洪水灾害的时空分布,以及影响对象、方式、范围、程度及其损失的数量关系,建立洪水灾害评估的方法体系;分析与洪水灾害分布式评估模型中各输入参数相关联的地物类型及其光谱学特征,综合利用 3S(GIS、RS、GPS)技术和空间遥感反演方法,获取多源、多时相数字遥感影像,研究洪水灾害特征因子与社会经济要素之间的耦合模式和作用机理,建立洪水灾害快速动态评估的理论与方法体系;采用模糊综合评判、自适应差分进化以及混沌 DE 算法等方法,将复杂系统的思维过程数字化、人为主观判断定量化,从而实现各种判断要素之间的重要性差异数值化;综合运用模糊投影聚类和投影寻踪聚类确定评估方法的指标权重,构建越小越优的二重迭代聚类模型,建立全新的投影指标函数统一聚类目标,实现对不确定条件下的洪水灾害进行多级风险分析和综合评判,提出面向过程的动态多目标洪水灾害多级模糊综合评判理论。

5. 洪水风险分析与灾害评估应用示范系统开发、集成及应用

以典型敏感洪水易发区为对象,以灾害演化为核心,研究洪水灾害发展过程中对人类、社会、经济和环境影响的机理,获取灾害发展变化中不同因子的响应方式、响应途径、作用过程、动力机制及未来变化趋势,获得对灾区灾害损失时空变化及其区域响应的清晰认识;针对洪水灾害风险,建立水情、地貌、气象、财产分布等大型数据库,集成多种数学模型和 GIS 模型,对不确定性洪水风险阈值进行逻辑推理,确定各阈值水平;基于统一平台的海量多源异构数据集成、组织与共享方法,分析流域水资源管理决策支持系统多源异构数据融合中数据不一致等问题,调研各管理相关部门的数据调用接口,建立针对分布式系统集成的 Web 服务共享平台数据存取应用程序编程接口(Application Programming Interface,API),在此基础上支持部门间的数据交互的调用。

6. 洪水风险分析与灾害评估理论与方法应用示范

以荆江分蓄洪区和珠江三角洲等典型洪水灾害敏感区域为研究对象,以灾害时空演化过程为核心,设计并开发洪水风险分析与灾害评估应用示范系统;针对洪水灾害风险,集成多种数学模型和 3S 模型,对不确定性洪水风险阈值进行逻辑推理;通过建立和运用洪水演进模型、暴雨积水模型、结构反应模型和灾害评估模型等组成的模型库,开发分布式松耦合系统集成平台,实现对洪水灾害的直观模拟、损失评估、风险决策等功能;基于复杂非线性动力学原理和现代智能进化算法理论,研究求解大规模、复杂洪水灾变系统灾害评估和风险分析模型的算法,解决我国洪水灾害风险指标分析、风险阈值定量计算、多级模糊风险评估以及灾害动态评估研究的主要科学问题,并据此对我国洪水风险水平进行分析与评价,给出相应的风险分布图,形成应用示范。

第2章

洪水敏感区域水文特征分析与预报

　　水文系统既赋存于洪水灾害孕灾系统中,也赋存于致灾系统中。洪水敏感区域水文系统的短期洪水预报,尤其是极端气候条件下的洪水预报,对分析洪水致灾机制和灾害实时动态评估有着至关重要的作用。由于径流的形成涉及自然界水文、气象及水力学等复杂动力学行为过程,不仅包含降水、蒸发、产流、汇流等复杂情况,还受地形、地貌、流域下垫面和人类活动等众多因素影响,其时间序列表现出非线性、强相关、高度复杂、多时间尺度变化等复杂动力系统特性,因此一定预见期的径流预测是一项难度极大的工作,其基本理论、预测技术还在不断发展之中。针对流域局部区域复杂多变的气候因素和水文特性,分析了洪水敏感流域的洪水流量过程演化特征,提出了基于支持向量回归、小波分解和混沌理论的水文模型建模方法;针对传统水文模型单目标参数率定方法不能同时全面反映不同水文特征、率定精度难以有效提高的缺陷,引入多目标参数率定方法优化模型参数,该方法能准确刻画水文系统不同时空尺度动力学变化特性,实现极端气候条件下复杂水文系统短期洪水高精度预报;结合经典的水文模型不确定性分析方法(SCEM-UA 算法),基于 formal 范式分析水文模型的不确定性,为研究洪水致灾机制提供重要的科学依据和技术支撑。

2.1　流域非线性复杂水文系统特性分析

　　径流的形成涉及自然界气象、水文及水力学等复杂现象及其行为机理,不仅包含降水、蒸发、产流、汇流等复杂过程,还受地形、地貌、流域下垫面和人类活动等众多因素影响,具有耦合因素众多、年际年内变化幅度大的特点,加之长江中上游支流众多,径流与洪水变化规律非常复杂。针对洪水敏感区域复杂的水文变化特征,采用成因分析与数理统计结合的方法,基于小波多时间尺度分析、多尺度相关性分析以及混沌特征分析等理论,研究并揭示了流域径流过程的混沌现象及微观演化机制,发展了基于小波多时间尺度分析的径流混沌特性分析的理论与方法,为洪水敏感区域高精度径流预报建模提供重要的理论依据。

2.1.1 基于小波方法的流域径流变化特性分析

受天气系统和流域下垫面因素,特别是人类活动的影响,水文水资源系统呈现出高度的非线性动力特征,由于河川径流是以多时间尺度变化的,即它的变化不是以一种固定的尺度(周期)运动,而是包含着各种时间尺度的变化和局部运动,使系统变化在时域中存在多层次时间尺度结构和局部化特征。基于小波分析的多分辨功能,剖析径流序列内部的精细结构,分析长江中上游流域的天然年径流时间序列的多时间尺度特征,展示在不同时间尺度下长江中上游流域年径流丰、枯变化的过程,了解长江中上游流域天然来水在不同时间尺度上的变化,揭示其天然径流波动变化的特性。

根据宜昌站的年径流量(1882—2006 年)资料,其年径流变化过程如图 2-1 所示。对流量时间序列进行距平处理,使得距平值比原始信号更接近零,所做出的小波系数图的振幅较小,从而更好地反映系数的波动细节,整理后的序列如图 2-2 所示。下面通过小波系数变化表征的年径流变化分析,揭示该站年径流在时间域中丰、枯变化的真实特性和演变趋势。

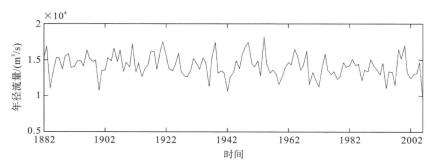

图 2-1 宜昌站天然年径流变化过程

选用在时域和频域局部性都较好的 Morlet 小波,将其与上述年径流水文序列距平过程代入小波变换公式,用不同的 a、b 计算小波变换系数 $W_f(a,b)$,可以得到

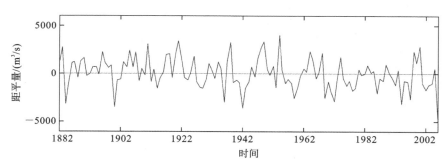

图 2-2　宜昌站年径流距平序列

以 b 为横坐标、a 为纵坐标的关于 $W_f(a,b)$ 的二维等值线图。这样,通过分析径流时间序列小波变换系数图,可以得到关于其序列在小波变换域中变化的小波变化特征,从而揭示出序列在其变化域中具有的特性。

　　年径流序列小波变换系数 $W_f(a,b)$ 的模平方与实部蕴含着年径流序列随尺度 a(即周期 T)和时移 b 变化的特征信息。图 2-3 为宜昌站年径流距平序列小波变换模平方等值线,可以看出年径流在小波变化域中其波动能量曲面上有多个能量聚集中心,它们代表着年径流波动能量变化的特性,能量最集中的中心为(15,1948)。在该中心处,年径流在小波变化域中的波动能量较强,贯穿整个时域,其中波动能量在时域上强集中影响范围为 1933—1963 年,除此范围外波动能量变化梯度比较平缓,而波动能量影响尺度的范围是 12~20 年,尺度中心在 15 年左右,振荡中心在 1948 年左右。这说明宜昌站天然年径流在整个时间域中,主要存在以 15 年左右为尺度中心、以 1948 年左右为振荡中心的波动变化。

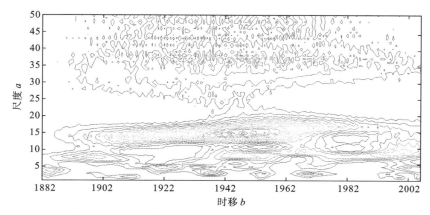

图 2-3　宜昌站年径流距平序列小波变换模平方等值线

　　图 2-4 为宜昌站年径流距平序列小波变换实部等值线,表明径流存在明显的

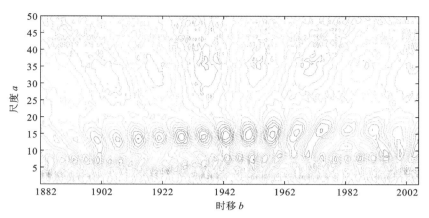

图 2-4　宜昌站年径流距平序列小波变换实部等值线

年际变化和年代变化,分析得出径流存在 30～40 年、10～20 年、5～10 年及 5 年以下 4 类尺度的周期变化规律。其中,15 年、9 年和 35 年左右尺度的丰、枯交替变化表现较清晰,波动极值点分布规律明显,而小于 5 年左右尺度的年径流波动变化频率快,且波动极值点分布散乱,说明较小尺度年径流波动频繁、振荡行为明显。

为进一步说明年径流丰、枯交替变化的波动特性,在图 2-4 上固定尺度 a($a=9,a=15,a=35$)值,作平行于 b 轴的切割线,在切割线上取点,作 $W_f(a,b)$ 的实部随时移 b 变化的过程线,分别如图 2-5～图 2-7 所示。

图 2-5 显示 $a=9$ 时小波系数表征的年径流波动变化情况。可以看出,自 2002

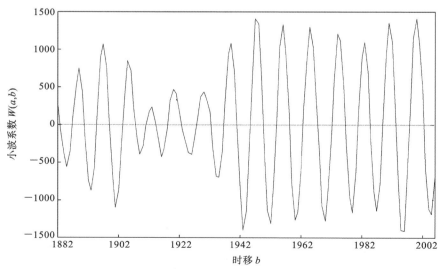

图 2-5　宜昌站年径流距平系列小波变换实部过程线($a=9$)

年以来,宜昌站年径流处于枯水期,目前年径流仍处于枯水高峰时段的后期,但有转向水量增加的明显趋势。

图 2-6 显示 $a=15$ 时小波系数表征的年径流波动变化情况,可以看出,自 2004 年以来,宜昌站年径流处于枯水期,目前年径流正处于枯水高峰时段。

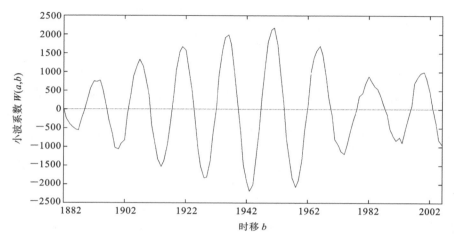

图 2-6 宜昌站年径流距平系列小波变换实部过程线($a=15$)

图 2-7 显示 $a=35$ 时小波系数表征的年径流波动变化情况。可以看出,自 1997 年以来,宜昌站年径流处于枯水期,目前年径流仍处于枯水高峰时段。

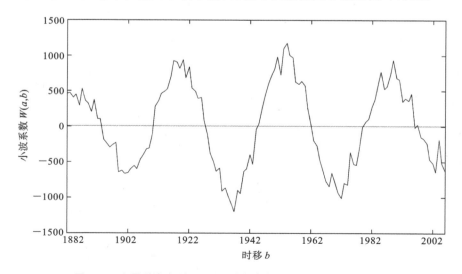

图 2-7 宜昌站年径流距平系列小波变换实部过程线($a=35$)

同时,从图 2-5 看出在整个时间域,年径流波动经历了约 14 个周期的变化,20
世纪 30 年代后 8 个周期的波幅变化基本一致,且明显高于前 6 个周期,年径流的
波动基本上以 9 年周期变化;从图 2-6 看出在整个时间域,年径流波动经历了约 8
个周期的变化,中间周期的波幅明显高于两边周期的波幅,且年径流的波动基本上
以 15 年周期变化;从图 2-7 看出在整个时间域,年径流波动经历了大约 3.5 个周期
的变化,波幅变化基本一致,年径流的波动基本以 35 年周期变化。综合以上分析,目
前长江宜昌站年平均径流量处于枯水高峰时段的后期,有转向水量增加的趋势。

　　水文水资源时间序列的变化表现出多尺度的特性,但各种尺度的作用是不同
的。因而,寻求影响水文水资源时间序列波动演变情况的主要周期在水文水资源
时间序列的分析中显得十分重要。因此,为了进一步找出宜昌站年径流量的周期
随时间变化的规律,采用小波方差图来分析宜昌站年径流时间序列变化的主要尺
度。计算宜昌站年径流距平序列小波变换方差,并以小波方差 $\mathrm{Var}(a)$ 为纵坐标,
时间尺度 a 为横坐标绘制小波方差图(见图 2-8)。可以看出,宜昌站年径流序列 3
年、5 年、9 年、15 年和 35 年左右尺度小波方差的极值表现最为显著,说明该水文
站年径流过程存在以 3 年、5 年、9 年、15 年和 35 年左右的主要变化周期,这 5 个周
期的波动决定着宜昌站年径流在整个时间域内变化的特性。特别是 9 年和 15 年
左右的变化周期,这 2 个周期的波动决定着宜昌站年平均径流的丰、枯变化趋势。

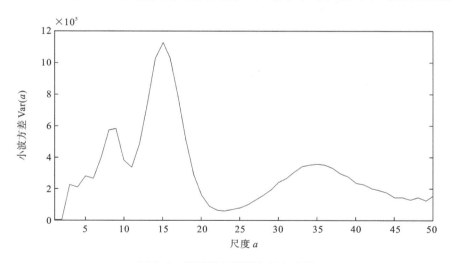

图 2-8　宜昌站年径流小波方差图

　　通常径流时间序列是趋势项、周期项和随机项三者的线性叠加,其中趋势项对
应小波分解后最大尺度的低频重构序列,随机项对应高频部分。宜昌站有 125 年
(1882—2006 年)的年平均径流时间序列,可以分解至第 6 层。一般地,经过 2 次以

上的分解后,随机成分就会被分离出去,分解后的低频系数重构序列即可代表该径流序列的变化趋势。对宜昌站的年平均径流时间序列,用db4小波函数进行分辨率为5、6的快速小波分解,得到不同尺度下的尺度系数,然后对其低频系数进行单支重构,即得到趋势成分,如图2-9所示。可以看出,宜昌站年平均径流总体呈减少趋势,而且在1952年后径流减少趋势越来越明显。这与近年来北半球气候变暖、长江上游地区降水量减少的趋势一致,应引起人们的注意。

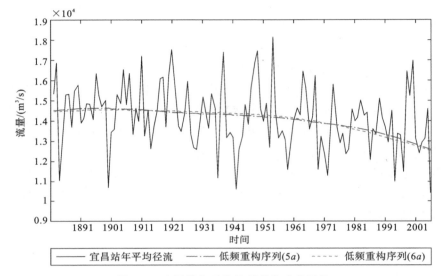

图 2-9 宜昌站年平均流量趋势成分重构

综合以上分析,结果显示如下。

(1) 大时间尺度上的偏丰期(或偏枯期)是若干个小时间尺度的丰(枯)期的集中表现。随着时间尺度的增大,小时间尺度上的一些奇异点逐渐退化为平常点;相反,随着时间尺度的降低,大时间尺度上除原有的奇异点外,还会不断增加奇异点,而大时间尺度上的一些"平常态"在小时间尺度上看则是"突变态"。所以小波系数变化所表征的年平均径流变化能够真实地反映长江中上游流域年平均径流在时间域中丰、枯变化的特性及其演变趋势。

(2) 长江中上游流域年平均径流在长期的变化中主要存在30年左右的长周期变化,它主导着流域年平均径流长期变化的特性。同时,研究也显示流域年平均径流存在12~18年的年际周期变化以及3~8年的年际周期变化特点。

(3) 时间尺度不同,径流处的丰枯阶段不同。

(4) 不同时间尺度下长江中上游流域年径流波动变化不同,如何看待其年径流的演变规律,这与分析使用的时间尺度有紧密联系,从而应在不同的时间尺度下对未来作趋势分析预测。

（5）在径流序列中，由于径流量的增减趋势被多年径流量掩盖，使得流量的趋势在径流时域中看不出来，可以通过小波分析将径流的整体发展趋势显示出来。通过低频重构发现，长江中上游流域年平均径流总体呈现越来越明显的减少趋势，而且在未来有进一步减少的可能。这可能与近年来北半球气候变暖、长江上游地区降水量减少有关。

2.1.2　多尺度下流域径流时间序列相关性分析

对流域水文水资源时间序列进行相关性分析时，大量的时间序列中存在着受某些因素影响形成的长期趋势，因而在序列变量与其前后时段的变量之间存在着一定程度的关联关系。同时，由于影响水文现象的因素众多，水文信号的产生、处理及传输都不可避免地受到噪声的干扰。系统噪声和测量噪声的存在限制了人们从时间变化的信号中提取水文系统定量信息，在一定程度上会影响人们对水文系统真实变化的认识，而对研究的水文序列进行消噪处理能提高数据的可靠性和数据分析成果的精度。

基于小波分析和相关性分析的理论与方法，对长江中上游屏山站、寸滩站、万县站和宜昌站的年平均径流变化进行了消噪处理和相关性分析，显示了其时间序列自身的线性相关性和独立性，及其随时移（滞时）增加而变化的特征，揭示了其不同的水文序列在不同的尺度下其变量间的相关关系，并通过检验这种相关关系探索了长江中上游流域水文水资源系统中变量之间内在的变化联系，为分析和建立长江中上游径流预测模型提供参考。

1. 时间序列的自相关系数

时间序列 $\{x_i, i=1,2,\cdots,n\}$ 的自相关系数 r_k 可以表示为

$$r_k = \left(\sum_{i=1}^{n-k} x_i x_{i+k} - \frac{1}{n-k} \sum_{i=1}^{n-k} x_i \sum_{i=1}^{n-k} x_{i+k} \right) \sqrt{\frac{\sum_{i=1}^{n-k} x_{i+k}^2 - \frac{1}{n-k} \left(\sum_{i=1}^{n-k} x_{i+k} \right)^2}{\sum_{i=1}^{n-k} x_i^2 - \frac{1}{n-k} \left(\sum_{i=1}^{n-k} x_i \right)^2}} \quad (2\text{-}1)$$

在样本数量较多时，可以用样本均值 $\bar{x}$ 代替均值 $\bar{x}_i$ 和 $\bar{x}_{i+k}$。

当 n 足够大且 k 较小时，$\dfrac{n}{n-k} \to 1$，因此有

$$r_k = \frac{\sum_{i=1}^{n-k} (x_i - \bar{x})(x_{i+k} - \bar{x})}{\sum_{i=1}^{n} (x_i - \bar{x})^2} \quad (2\text{-}2)$$

式中：$\bar{x} = \dfrac{1}{n}\sum\limits_{i=1}^{n} x_i$。

需要说明的是，在对小样本进行估计时，式(2-1)和式(2-2)均是有偏的，虽然式(2-1)的偏离相比式(2-2)较小，但式(2-2)的有效性较式(2-1)更好，因此，在实际计算中大多采用式(2-2)计算序列的自相关系数。

若样本时间序列为小样本且线性相关，可以按照式(2-2)估计其自相关系数 r_k，然后参考以下公式对其偏差进行修正：

$$r'_k = \frac{r_k + \dfrac{1}{n}}{1 - \dfrac{4}{n}} \tag{2-3}$$

2. 径流时间序列自相关性分析

1) 天然年径流序列自相关性分析

根据长江中上游流域屏山站、寸滩站、万县站和宜昌站(1962—2006年)的年平均径流系列资料，分别计算这 4 个水文站天然年径流时间序列的自相关系数与自相关性检验，计算结果如表 2-1 所示，表明在长期的变化中，长江中上游流域 4 个

表 2-1　长江中上游流域各站年径流的自相关系数

站点名称	计算项	时移 k					
		1	2	3	4	5	6
屏山站	自相关系数	0.1337	0.1635	0.0454	0.0370	−0.0542	0.0345
	修正自相关系数	0.1721	0.2049	0.0749	0.0657	−0.0347	0.0630
	相关性检验	独立	独立	独立	独立	独立	独立
寸滩站	自相关系数	0.0234	0.0571	−0.0507	−0.1515	−0.1630	0.0509
	修正自相关系数	0.0507	0.0878	−0.0307	−0.1417	−0.1543	0.0810
	相关性检验	独立	独立	独立	独立	独立	独立
万县站	自相关系数	0.0873	0.0432	0.0130	−0.2022	−0.2321	−0.0217
	修正自相关系数	0.1210	0.0725	0.0393	−0.1974	−0.2303	0.0012
	相关性检验	独立	独立	独立	独立	独立	独立
宜昌站	自相关系数	0.0686	0.0363	−0.0542	−0.1707	−0.1231	−0.1529
	修正自相关系数	0.1005	0.0649	−0.0346	−0.1627	−0.1104	−0.1432
	相关性检验	独立	独立	独立	独立	独立	独立
	允许限制	−0.3187	−0.3226	−0.3267	−0.3310	−0.3354	−0.3401
		0.2722	0.2750	0.2780	0.2810	0.2842	0.2874

水文站原始年径流时间序列自身不存在相关性。

2）消噪后年径流序列自相关性分析

采用 db4 小波对长江中上游流域 4 个水文站原始年径流时间序列进行 5 层小波分解，通过最优预测变量阈值选择规则确定阈值，然后实行软阈值处理，最后通过小波重构得到消噪后的各站年径流时间序列。分别计算 4 个水文站消噪后年径流时间序列的自相关系数与自相关性检验，计算结果如表 2-2 所示。表明长江中上游流域 4 个水文站消噪后的年径流时间序列在长期的变化中序列自身都存在有一定的自相关性，且下游站点随时移其自相关性弱于上游站点。同时，各序列都随时间的推移其自相关性波动减弱，在屏山站反映出年径流在 $(t+1)\sim(t+6)$ 时刻与 t 时刻有相关性；在寸滩站反映出年径流在 $(t+1)$ 和 $(t+6)$ 时刻与 t 时刻有相关性；万县站和宜昌站反映出年径流在 $(t+1)$ 时刻与 t 时刻有相关性。

表 2-2　长江中上游流域消噪后的各站年径流自相关系数

站点名称	计算项	时移 k					
		1	2	3	4	5	6
屏山站	自相关系数	0.9474	0.8543	0.7336	0.5987	0.4608	0.3304
	修正自相关系数	1.0671	0.9648	0.8319	0.6835	0.5319	0.3884
	相关性检验	相关	相关	相关	相关	相关	相关
寸滩站	自相关系数	0.4583	0.0274	−0.0114	0.0703	0.1888	0.3511
	修正自相关系数	0.5291	0.0551	0.0125	0.1023	0.2327	0.4112
	相关性检验	相关	独立	独立	独立	独立	相关
万县站	自相关系数	0.3737	−0.0943	−0.0642	0.0039	0.0518	0.0908
	修正自相关系数	0.4361	−0.0787	−0.0456	0.0293	0.082	0.1249
	相关性检验	相关	独立	独立	独立	独立	独立
宜昌站	自相关系数	0.393	−0.1135	−0.0212	0.1259	0.2	0.2291
	修正自相关系数	0.4573	−0.0998	0.0016	0.1635	0.245	0.277
	相关性检验	相关	独立	独立	独立	独立	近相关

2.1.3　流域径流时间序列混沌动力特性分析

降雨、洪水、渗流、湍流等水文过程受众多因素的影响，从而造成巨大的时空变异性，表现出并非随机却貌似随机的特征，致使传统确定性数学模型对这些水文过程的模拟遇到了很大的困难，而混沌理论的出现使得从貌似无序的现象中提取出确定性的规律成为可能,从而为研究这种高度复杂的系统提供新思路。利用相空间重构技术和时间序列混沌特征识别方法,通过计算宜昌站关联维数和最大 Lyapunov 指数,定量分析长江中上游年(月)径流时间序列混沌动力特性。

1. 年平均径流时间序列混沌分析

1)延迟时间

根据传统的自相关函数法,得到宜昌站年平均径流时间序列的自相关函数随延迟时间的变化情况(见图 2-10)。根据数值试验结果,选取径流时间序列的自相关函数第一次经过零点时所对应的时间作为重构相空间的最佳延迟时间,从图上可以得出,宜昌站年平均径流时间序列的最佳延迟时间 $\tau=3$。

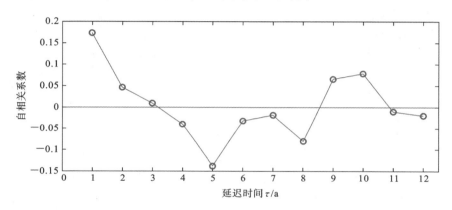

图 2-10　宜昌站年平均径流时间序列的自相关函数随延迟时间的变化情况

2)嵌入维数

根据宜昌站年平均径流时间序列的延迟时间 τ,采用 Cao 方法计算嵌入维数 m,得到 $E_1(m)$ 和 $E_2(m)$ 与嵌入维数 m 的关系曲线,如图 2-11 所示。表明实线 $E_1(m)$ 随着嵌入维数 m 的增加趋于饱和,并在 $m=7$ 时 $E_1(m)$ 变化较小,这时取 $m=8$ 即为宜昌站年平均径流时间序列相空间重构的嵌入维数。同时,从仿真结果可以发现,$E_2(m)$ 在 1 上下波动,因此,可以判定宜昌站年平均径流时间序列为混沌时间序列。

3)关联维数

根据宜昌站年平均径流时间序列的延迟时间 τ,按照关联维数 D 的计算方法,得到不同嵌入维数 m 下 $\ln C(r)$-$\ln r$ 曲线(见图 2-12)和关联维数 D 与不同嵌入维数 m 之间的变化关系(见图 2-13)。

从图 2-12 中看出,不同嵌入维数 m 下,$\ln C(r)$-$\ln r$ 关系图中存在直线相关的部分,因此年平均径流时间序列的分布具有分形特征。每一条曲线中的直线段部

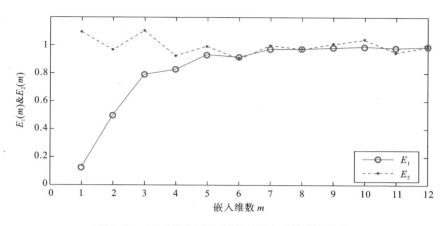

图 2-11　宜昌站年平均径流时间序列的嵌入维数

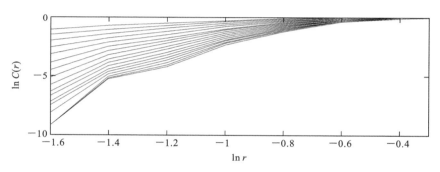

图 2-12　宜昌站年平均径流时间序列 $\ln C(r)$-$\ln r$ 关系图

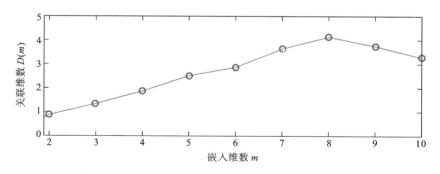

图 2-13　宜昌站年平均径流时间序列 $D(m)$-m 关系图

分的斜率就是各自嵌入维数 m 所对应的关联维数 D。图 2-13 描述了依此得到的 $D(m)$ 与 m 之间的变化关系，可以知道，当 $m=8$ 时，关联维数趋于稳定，即达到一个饱和值 $D_2=4.1348$；取宜昌站的最小嵌入维数为 8，它表征了动力系统的有效自由度数目,即当径流时序的嵌入相空间达到 8 维后,系统具有稳定的吸引子维数。从这一意义上来说,宜昌站年平均径流序列具有混沌特性。

4）最大 Lyapunov 指数

饱和关联维数的存在说明系统存在奇异吸引子,即宜昌站年平均径流时间序列具有混沌特性。为了进一步验证其混沌特征,在确定延迟时间 $\tau=3$ 的情况下,采用最大 Lyapunov 指数法对宜昌站年平均径流时间序列进行混沌特征识别,得到不同嵌入维数下的最大 Lyapunov 指数如表 2-3 所示。

表 2-3　宜昌站年平均径流时间序列嵌入维数与最大 Lyapunov 指数对照表

嵌入维数	3	4	5	6	7	8	9	10
最大 Lyapunov 指数	0.3608	0.3082	0.2690	0.2216	0.1919	0.1747	0.1739	0.1730

由表 2-3 可知,当嵌入维数增大到 8 时,最大 Lyapunov 指数不再随 m 值的增加而有较大变化,有 $L_E=0.1747$。此时由 $t_0 \approx \dfrac{1}{L_E}$ 得最大可预报尺度为 5.72。其实际物理意义是,利用宜昌站年平均径流时间序列的实际数据进行预测时,在精度损失不太严重的情况下,最大预测时间至多是 6 年。此外,$L_E>0$ 说明宜昌站年平均径流序列具有混沌性质。结合 Cao 方法和饱和关联维数的结果,可以确认宜昌站年平均径流时间序列确实具有混沌特性,该结果为年平均径流序列混沌预测模型的建立提供了依据。

2. 月平均径流时间序列混沌分析

1）延迟时间

根据宜昌站的月平均径流序列资料,用对年平均径流分析的方法对其进行分析,得到自相关函数随时间的变化情况（见图 2-14）。从图上可以得出,月平均径流时间序列的延迟时间 $\tau=3$。

2）嵌入维数

根据宜昌站月平均径流时间序列的延迟时间 τ,采用 Cao 方法计算嵌入维数 m,得到 $E_1(m)$ 和 $E_2(m)$ 与嵌入维数 m 的关系曲线,如图 2-15 所示。表明实线 $E_1(m)$ 随着嵌入维数 m 的增加趋于饱和,并在 $m=12$ 时 $E_1(m)$ 变化较小,这时取 $m=13$ 即为宜昌站月平均径流时间序列相空间重构的嵌入维数。另外,从仿真结果来看,$E_2(m)$ 在 1 上下波动,因此可以判定宜昌站月平均径流时间序列为混沌时间序列。

3）关联维数

根据宜昌站月平均径流时间序列的延迟时间 τ,按照关联维数 D 的计算方法,得到月平均径流时间序列在不同嵌入维数 m 下 $\ln C(r)$-$\ln r$ 曲线（见图 2-16）和关

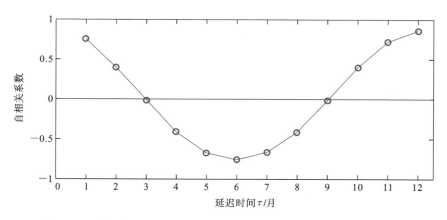

图 2-14　宜昌站月平均径流时间序列的自相关函数随时间的变化情况

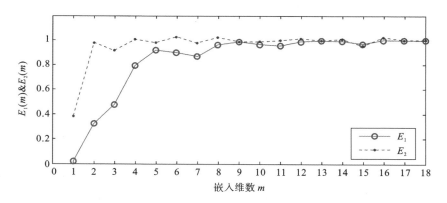

图 2-15　宜昌站月平均径流时间序列的嵌入维数

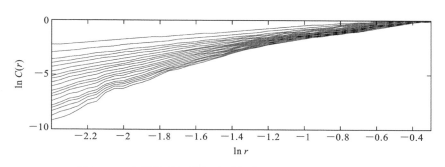

图 2-16　宜昌站月平均径流时间序列 $\ln C(r)$-$\ln r$ 关系图

联维数 $D(m)$ 与不同嵌入维数 m 之间的关系曲线(见图 2-17)。按照对宜昌站月平均径流的分析方法,从图 2-17 可以得出:宜昌站月平均径流时间序列具有混沌特性,其嵌入相空间维数 $m=13$,饱和关联维数 $D_2=5.4558$。

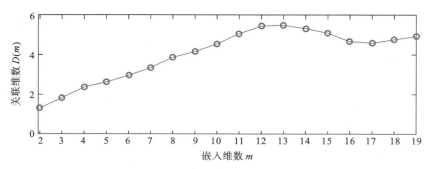

图 2-17　宜昌站月平均径流时间序列 $D(m)$-m 关系图

4）最大 Lyapunov 指数

为了进一步验证宜昌站月平均径流时间序列的混沌特征,在确定延迟时间 $\tau=$ 3 的情况下,采用最大 Lyapunov 指数法对宜昌站月平均径流时间序列进行混沌特征识别,得到不同嵌入维数下的最大 Lyapunov 指数,如表 2-4 所示。

表 2-4　宜昌站月平均径流时间序列嵌入维数与最大 Lyapunov 指数对照表

嵌入维数	8	9	10	11	12	13	14	15
最大 Lyapunov 指数	0.1092	0.0878	0.0764	0.0658	0.0560	0.0478	0.0453	0.0423

由表 2-4 可知,当嵌入维数增大到 13 时,最大 Lyapunov 指数不再随 m 值的增加而有较大变化,有 $L_E=0.0478$。此时可得最大可预报尺度为 20.92。其实际物理意义是,利用宜昌站月平均径流时间序列的实际数据进行预测时,在精度损失不太严重的情况下,最大预测时间至多是 21 个月。此外,$L_E>0$ 说明宜昌站月平均径流时间序列具有混沌性质。结合 Cao 方法和饱和关联维数的结果,可以确认宜昌站月平均径流时间序列具有混沌特性,该结果为月平均径流时间序列混沌预测模型的建立提供了依据。

2.2　洪水敏感区域水文径流高精度预报

在深入分析流域局部区域复杂多变的气候因素和水文特性的基础上,建立了洪水敏感区域水文径流高精度预报模型。传统基于单一目标的水文模型参数优化率定方法仅仅侧重于考虑水文系统某一方面的特性,率定精度难以有效提高,针对这一不足,基于帕累托优化理论将优化目标空间从一维拓展到高维,提出了一类基于多目标优化框架的水文参数模型,准确刻画了水文系统不同时空尺度动力学变化特性,有效提高了优化率定精度,实现了复杂条件下复杂洪水敏感区域短期洪水的高精度预报,为研究洪水致灾机制提供了重要的科学依据和技术支撑。

2.2.1　基于支持向量回归的径流预测模型

1995 年,Vapnik 和 Corinna Cortes 首先从模式分类中提出了支持向量机(Support Vector Machine,SVM)的概念,其是建立在结构风险最小原理和统计学习理论的 VC 维理论基础上的,依据有限的样本在模型的学习能力(即正确地识别任意给定样本的能力)和复杂性(即对给定训练样本的学习精度)之间探求最优折中,以便达到最好的推广能力。下面首先直接给出支持向量机的标准形式,再从其正则化与结构风险最小化原则和核函数等不同侧面进行描述和分析。

1. 支持向量机的标准形式

支持向量机的基本思想是,将输入空间映射到一个高维的特征空间,这个特征空间可能具有非常高的维数,这样经常导致计算具有很高的复杂度。而 SVM 的解决方法是直接计算非线性变换 $\phi(\cdot)$ 的内积 $K(x,y)$,即核函数 $K(x,y)=\phi(x)\cdot\phi(y)$,而不是直接计算复杂的非线性变换 $\phi(\cdot)$ 的值,从而巧妙地绕开了计算问题的高维性。

一般可以将支持向量机表述为一个具有线性约束的二次优化问题。假定训练集 $T=\{(x_1,y_1),\cdots,(x_l,y_l)\}$,$x_i\in\mathbf{R}^n$,$y_i\in\mathbf{R}$,$i=1,2,\cdots,l$,$\boldsymbol{\xi}=(\xi_1,\cdots,\xi_l)^{\mathrm{T}}$ 为松弛变量,l 为观测样本的个数,则可得到下面的二次优化问题:

$$\min\left[\frac{1}{2}\parallel w\parallel^2+C\sum_{i=1}^{l}(\xi_i+\xi_i^*)\right] \tag{2-4}$$

$$\mathrm{s.t.}\begin{cases}((w\cdot x_i)+b)-y_i\leqslant\varepsilon+\xi_i\\ y_i-((w\cdot x_i)+b)\leqslant\varepsilon+\xi_i\\ \xi_i,\xi_i^*\geqslant0\end{cases} \tag{2-5}$$

式中:C 表示偏离值及复杂度间的权重比,即惩罚系数。运用拉格朗日函数将对偶优化问题表述为

$$\min\frac{1}{2}\sum_{i=1}^{l}\sum_{j=1}^{l}(\alpha_i-\alpha_i^*)(\alpha_j-\alpha_j^*)K(x_i,x)+\varepsilon\sum_{i=1}^{l}(\alpha_i+\alpha_i^*)-\sum_{i=1}^{l}y_i(\alpha_i-\alpha_i^*)$$

$$\tag{2-6}$$

$$\mathrm{s.t.}\begin{cases}\sum_{i=1}^{l}(\alpha_i-\alpha_i^*)=0\\ 0\leqslant\alpha_i,\alpha_i^*\leqslant C\end{cases},i=1,2,\cdots,l \tag{2-7}$$

SVM 可以表述 b 为线性函数的阈值,N 为输入空间维数,$\boldsymbol{x}=[x_1,x_2,\cdots,x_l]$

为输入向量，$x_1,x_2,\cdots,x_l$ 为训练样本向量，$\beta_i=(\alpha_i-\alpha_i^*)$。

$$f(x)=\sum_{i=1}^{l}(\alpha_i-\alpha_i^*)K(x_i,x)+b \tag{2-8}$$

式中：$f(x)$ 为输出结果；$K(x_i,x)$ 为核函数。

SVM 的一个显著特点是基于 ε 的不敏感损失函数，可表述为

$$L(y,f(x,\alpha))=L(|y-f(x,\alpha)|_\varepsilon) \tag{2-9}$$

$$L(|y-f(x,\alpha)|_\varepsilon)=\begin{cases} 0, & |y-f(x,\alpha)|\leqslant\varepsilon \\ |y-f(x,\alpha)|=\varepsilon, & \text{其他} \end{cases} \tag{2-10}$$

式中：ε 为一很小的值，趋于 0。

2. 正则化与结构风险最小化原则

式(2-4)中的 $\|w\|^2$ 是支持向量机标准形式的正则化项，要优化此项，需要依靠一个给定的嵌套的函数集，并在此函数集中优化求解。

1）正则化理论

对某一不确定问题的求解，对于算子方程 $Af(t)=F(x)$，应该最小化正则化的泛函：

$$R^*(f)=\|Af-F\|^2+\gamma\Omega(f) \tag{2-11}$$

式中：γ 为某常数；正则化项 $\Omega(f)$ 为某种泛函。

在上述二次优化问题中，目标函数中具有两项的二次函数：

$$\min\left[\frac{1}{2}\|w\|^2+C\sum_{i=1}^{l}(\xi_i+\xi_i^*)\right] \tag{2-12}$$

式中：第一项是置信范围，即正则化项；第二项是数据逼近误差，即经验风险。因此，该二次优化问题通过控制这两个因素最小化风险。因此，其具有正则化的形式。

2）结构风险最小化归纳原则

结构风险最小化归纳原则的基本思想是建立一个具有嵌套子集序列的函数集，按照 VC 维的值排列各子集序列，对某一特定的观测集，首先找到一个函数，使其所在的子集中的经验风险最小，然后再在所有子集函数中找到一个函数使风险上界值最小。

设具有一定结构的 S 是函数 $Q(z,\alpha)$，$\alpha\in\Lambda$ 的集合，其由一系列嵌套的函数子集 $S_k=\{Q(z,\alpha),\alpha\in\Lambda_k\}$ 组成，它们满足 $S_1\subset S_2\subset\cdots\subset S_n\cdots$，另外结构中的元素应符合：① h_k（VC 维）在各个函数集中是有限的，即是 $h_1\leqslant h_2\leqslant\cdots\leqslant h$；② 每个元素 S_k 或包含一定的 (p,τ_k) 对，满足下列不等式的函数集合：

$$\sup_{\alpha\in\Lambda}\frac{\left(\int Q^p(z,\alpha)\mathrm{d}F(z)\right)^{1/p}}{\int Q(z,\alpha)\mathrm{d}F(z)}\leqslant\tau_k,\quad p>2 \tag{2-13}$$

3. 核函数

如果求解 SVM 仅运用内积运算,而某个函数 $K(x, x')$ 存在于输入的低维空间,且恰好等于高维空间中的内积,即 $K(x, x') = \langle \phi(x) \cdot \phi(x') \rangle$,那么 SVM 可以由这个函数 $K(x, x')$ 直接求得非线性变换的内积,从而避开了复杂的非线性变换计算,使计算量大大降低,此函数 $K(x, x')$ 就称核函数。

其定义为:设 $\mathbf{R}^n$ 上有一子集 χ,且存在某一映射 ϕ 是 Hilbert 空间上 H 的映射,满足 $K(x, x') = \langle \phi(x) \cdot \phi(x') \rangle$,则称定义在 $\chi \times \chi$ 上的函数 $K(x, x')$ 是核函数。

Mercer 定理:假定 K 是 $\chi \times \chi$ 上的连续实值对称函数,χ 是 $\mathbf{R}^n$ 上的紧密集,积分算子 $T_k : L_2(\chi) \to L_2(\chi)$,$T_k f(\cdot) = \int K(x, x') f(x') \mathrm{d}x'$ 半正定。设 $\psi_j \in L_2(\chi)$ 是 T_K 对应特征值 $\lambda_j \neq 0$ 的特征函数,并规范化为 $\| \psi_j \|_{L_2} = 1$,那么

(1) $(\lambda_j T_k)_j \in l_1$;

(2) $\psi_j \in L_\infty(\chi)$ 且 $\sup_j \| \psi_j \|_{L_\infty} < \infty$;

(3) $K(x, x') = \sum \lambda_j \psi_j(x) \psi_j(x')$ 对于所有的 (x, x') 成立,且对于所有的 (x, x'),序列一致收敛。

Mercer 核函数满足这个定理所列条件。Mercer 定理意味着如果函数 K 满足:

$$\int_{\chi \times \chi} K(x, x') f(x) f(x') \mathrm{d}x \mathrm{d}x' \geqslant 0, \qquad \forall f \in L_2(\chi) \tag{2-14}$$

则 $K(x, x')$ 是一个核函数,形式上可表述为 $K(x, x') = \langle \phi(x) \cdot \phi(x') \rangle$。

4. 实例应用

选用长江三峡流域代表站宜昌站 127 年(1882—2008 年)的年径流序列为实例,选取 1887—1966 年的年径流序列作为 SVM 模型的训练样本,用 1967—2008 年的年径流序列作检验。模型的输入采用预测当年前 5 年的实测径流量,输出为预测当年径流量,核函数选用比较通用的径向基核函数 $K(x, y) = \exp(- \| x - y \|^2 / 2\sigma^2)$,通过试算法确定模型计算参数径向基核函数的 $\sigma = 0.5$,惩罚系数 $C = 1$,不敏感损失参数 $\varepsilon = 0.01$。

将模型的预测结果作精度对照(见表 2-5)。

表 2-5 SVM 模型预测精度对照

相对误差	<10%/(%)	<20%/(%)	<30%/(%)	平均绝对误差 /($\mathrm{m^3/s}$)	平均相对误差 /(%)
拟合阶段	68.8	95.0	96.3	1019.9	7.3
检验阶段	50.0	83.3	92.9	1462.4	11.9

SVM 模型是一种新型机器学习方法,能实现结构风险最小化原理,适用于解决小样本、非线性和高维模式识别等方面的问题,有较好的泛化性能,得到的解是全局最优解,但其性能受到样本及模型参数的影响。由表 2-5 的计算结果可知,SVM 模型在检验阶段相对误差<20% 的百分比为 83.3%,相对误差<10% 的百分比为 50%。由于 SVM 模型算法复杂度与维数无关,在处理非线性问题上具有很大的优势。

2.2.2 基于单目标的径流预测模型参数率定方法

采用 SCE-UA 算法优化率定径流预报模型参数。SCE-UA 算法结合了单纯形法、随机搜索、生物竞争进化以及混合分区等方法的优点,可以一致、有效、快速地搜索到水文模型参数全局最优解,在概念性水文模型、半分布式水文模型和分布式水文模参数优选中得到了十分广泛的应用。

SCE-UA 算法的基本思路是将基于确定性的复合型搜索技术和自然界中的生物竞争进化原理结合,算法的关键部分为竞争的复合型进化算法(CCE),在 CCE 中,每个复合型的顶点都是潜在的父辈,都有可能参与产生下一代群体的计算,每个子复合型的作用如同一对父辈,随机方式在构建子复合型中的应用使得在可行域中的搜索更加彻底。SCE-UA 算法的计算流程如图 2-18 所示。

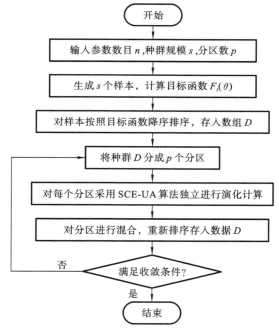

图 2-18 SCE-UA 算法的计算流程

2.2.3　基于多目标的径流预测模型参数率定方法

传统的模型单目标参数率定方法往往不能同时、全面反映不同水文特征,率定精度难以有效提高,针对这一缺陷,提出了一种简便的不同目标组合优化结果性能比较方法,并以一种日径流预报模型为实例,构造了三组目标函数组合,采用经典多目标优化算法 NSGA-Ⅱ 优化率定模型参数,分析与比较不同目标组合对优化结果的影响,能够为水文预报人员合理选取与构造目标组合提供科学的数量依据。

1. 多目标优化算法

NSGA-Ⅱ算法的计算流程如图 2-19 所示。

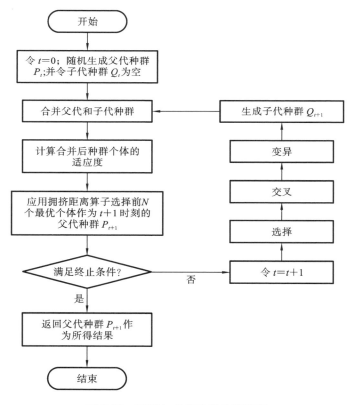

图 2-19　NSGA-Ⅱ算法的计算流程

目标函数选取 RMSE、MAE、R^2,根据汛期流量和枯水期流量特性的不同,分别定义上述三种目标函数:

$$\text{RMSE}_{\text{L}} = \sqrt{\frac{\sum\limits_{i=1}^{\text{NL}} \sum\limits_{j=1}^{n_i} (Q_{i,j} - \hat{Q}_{i,j})^2}{\sum\limits_{i=1}^{\text{NL}} n_i}} \qquad (2\text{-}15)$$

$$\text{RMSE}_{\text{H}} = \sqrt{\frac{\sum\limits_{i=1}^{\text{NH}} \sum\limits_{j=1}^{m_i} (Q_{i,j} - \hat{Q}_{i,j})^2}{\sum\limits_{i=1}^{\text{NH}} m_i}} \qquad (2\text{-}16)$$

$$R_{\text{L}}^2 = \frac{1}{\text{NL}} \sum_{i=1}^{\text{NL}} \frac{\sum\limits_{j=1}^{n_i} (Q_{i,j} - \hat{Q}_{i,j})^2}{\sum\limits_{j=1}^{n_i} (Q_{i,j} - \overline{Q}_{i,j})^2} \qquad (2\text{-}17)$$

$$R_{\text{H}}^2 = \frac{1}{\text{NH}} \sum_{i=1}^{\text{NH}} \frac{\sum\limits_{j=1}^{m_i} (Q_{i,j} - \hat{Q}_{i,j})^2}{\sum\limits_{j=1}^{m_i} (Q_{i,j} - \overline{Q}_{i,j})^2} \qquad (2\text{-}18)$$

$$\text{MAE}_{\text{L}} = \frac{\sum\limits_{i=1}^{\text{NL}} \sum\limits_{j=1}^{n_i} |Q_{i,j} - \hat{Q}_{i,j}|}{\sum\limits_{i=1}^{\text{NL}} n_i} \qquad (2\text{-}19)$$

$$\text{MAE}_{\text{H}} = \frac{\sum\limits_{i=1}^{\text{NH}} \sum\limits_{j=1}^{m_i} |Q_{i,j} - \hat{Q}_{i,j}|}{\sum\limits_{i=1}^{\text{NH}} m_i} \qquad (2\text{-}20)$$

2. 不同目标组合优化结果性能比较方法

为分析不同目标组合对优化结果的影响,提出了一种简便地比较不同目标组合优化结果性能的方法,具体如下。

假设有 M 种目标组合,如下式所示:

$$O_i = \{f_1^i, f_2^i, \cdots, f_{N_i}^i\}, \quad i = 1, 2, \cdots, M \qquad (2\text{-}21)$$

式中: O_i 表示第 i 种目标组合; N_i 为第 i 种目标组合中目标的个数。各目标组合中的目标可能有部分相同,但不完全相同。

分析比较不同目标组合优化结果性能的步骤如下。

(1) 采用多目标优化算法获得各目标组合下的非劣解集,如下式所示:

$$R_i = \{f_1^i(X_j^i), f_2^i(X_j^i), \cdots, f_{N_i}^i(X^i j)\}, \quad i = 1, 2, \cdots, M, j = 1, 2, \cdots, n \qquad (2\text{-}22)$$

式中: R_i 表示第 i 种目标组合下的非劣解集; X_j^i 表示第 i 种目标组合下的第 j 个非

劣解对应的模型参数组合;n 为得到的非劣解的个数。

（2）将各目标组合下得到的非劣解集分别映射到其他 $M-1$ 个目标组合空间，其具体计算方法为:将各目标组合下得到的模型参数组合分别代入水文模型，然后计算其他目标的函数值，得到各目标组合下的解集如下式所示:

$$T_s = \{f_1^s(X_j^i), f_2^s(X_j^i), \cdots, f_{N_s}^s(X_j^i) | X_j^i, i=1,2,\cdots M, j=1,2,\cdots,n\},$$
$$s=1,2,\cdots,M \tag{2-23}$$

式中:T_s 为经过目标映射后第 s 种目标组合的解集。

（3）经过目标映射后，各解集 T_s 中的个体可能存在支配与被支配的关系，因此，必须剔除其中被支配的解，得到各目标组合下的非劣解集，如下式所示:

$$P_s^k = \{f_1^s(X_j^i), f_2^s(X_j^i), \cdots, f_{N_s}^s(X_j^i), X_j^i \in T_s | \neg \hat{X}_j^i \in T_s: \hat{X}_j^i \succ X_j^i\},$$
$$s=1,2,\cdots,M \tag{2-24}$$

式中:P_s^k 为第 s 种目标组合在算法第 k 次运行得到的非劣解集;$\hat{X}_j^i \succ X_j^i$ 表示在目标空间中，解 $\hat{X}_j^i$ 支配解 X_j^i。

（4）为消除算法随机因素的影响，独立运行算法 K 次，将 K 次运行得到的各种目标组合下的非劣解集 $P_s^k(s=1,2,\cdots,M;k=1,2,\cdots,K)$ 分别进行合并，并提取其中的非劣个体，得到各目标组合空间的近似真实非劣解集，为第（5）步的收敛性指标和分布性指标的计算提供数据基础，如下式所示:

$$TP_s = \{f_1^s(X_j^i), f_2^s(X_j^i), \cdots, f_{N_s}^s(X_j^i), X_j^i \in \{P_s^k | k=1,2,\cdots,K\} |$$
$$\neg \hat{X}_j^i \in \{P_s^k | k=1,2,\cdots,K\}: \hat{X}_j^i \succ X_j^i\}, \quad s=1,2,\cdots,M \tag{2-25}$$

式中:TP_s 为第 s 种目标组合下的近似真实非劣解集。

（5）选取多目标非劣前沿收敛性和分布性指标，根据前述获得的近似真实非劣解集和算法独立 K 次运行得到的非劣解集，计算各目标组合下非劣解的收敛性和分布性特征，进而可以定量描述与比较各目标组合对水文模型参数优化率定的影响。

3. 优化结果比较与分析

非劣解集映射到目标组合空间 $RMSE_L$ vs. $RMSE_H$ 如图 2-20 所示。

非劣解集映射到目标组合空间 R_L^2 vs. R_H^2 如图 2-21 所示。

非劣解集映射到目标组合空间 MAE_L vs. MAE_H 如图 2-22 所示。

在 $RMSE_L$ vs. $RMSE_H$ 目标组合中增加 MAE_L 目标，既可以充分利用 $RMSE_L$ vs. $RMSE_H$ 目标组合的收敛性和分布性，又能修正其在 MAE_L vs. MAE_H 空间中 MAE_L 值较小区域收敛性和分布性差的问题。

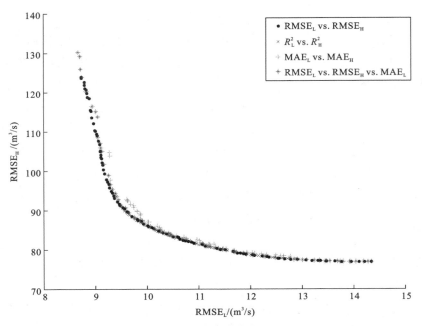

图 2-20　非劣解集映射到目标组合空间 $\mathrm{RMSE_L}$ vs. $\mathrm{RMSE_H}$

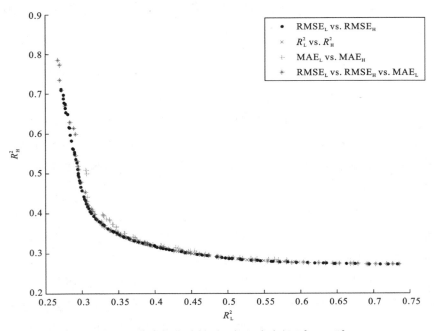

图 2-21　非劣解集映射到目标组合空间 R_L^2 vs. R_H^2

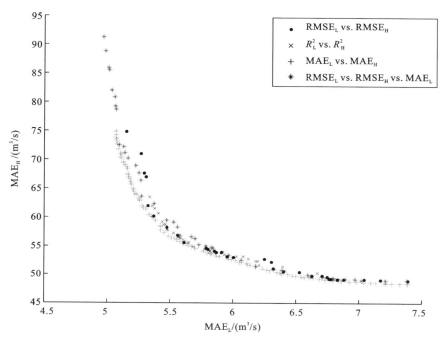

图 2-22　非劣解集映射到目标组合空间 MAE_L vs. MAE_H

2.2.4　概念性流域水文模型参数多目标优化率定

　　针对传统基于单一目标的水文模型参数优化率定方法不能充分、全面挖掘水文系统不同动态行为特征的缺陷,提出一种多目标文化混合复形差分进化(Multi-objective Culture Shuffled Complex Differential Evolution,MOCSCDE)算法用于求解水文模型参数多目标优化问题。MOCSCDE 算法将混合复形进化(SCE-UA)算法置于文化进化(Culture Evolution,CA)算法的框架中,利用种群进化过程中提取的各种知识指导算法的运行,提高算法的运行效率,同时考虑到 SCE-UA 算法中单纯形算子不能充分利用种群个体信息的不足,采用全局搜索能力强的差分进化(Differential Evolution,DE)算法替代单纯形算子,可以更加充分利用种群个体信息进行演化计算,进一步提高算法的计算效率。将 MOCSC-DE 算法应用于概念性水文模型——新安江模型的参数多目标优化率定,并与 NSGA-Ⅱ 和 SPEA2 算法进行对比分析,结果表明 MOCSCDE 算法的收敛性和分布性均优于 NSGA-Ⅱ 和 SPEA2 算法,可以为水文预报人员提供更为全面、可靠的参数组合决策依据。

1. 水文模型参数多目标优化率定

水文模型参数优化率定的本质是调整模型参数值,使模型的模拟结果与实测结果尽可能地接近。在水文模型参数多目标优化的框架下,若定义的多个目标存在明显的非劣关系,则根据 Pareto 优化基本原理,优化结果不仅仅是唯一的一个参数组合,而是一个非劣参数组合集。假设目标函数均为最小化,水文模型参数多目标优化的形式可以表示为

$$\min\{f_1(\boldsymbol{X}), f_2(\boldsymbol{X}), \cdots, f_M(\boldsymbol{X})\}, \quad \boldsymbol{X} = [x_1, x_2, \cdots, x_D] \tag{2-26}$$

式中:M 为目标函数个数;$f_i(\cdot)(i=1,2,\cdots,M)$ 为定义的 M 个目标函数;D 为水文模型参数个数;$\boldsymbol{X}$ 为模型参数组成的决策变量向量。

2. 多目标文化混合复形差分进化(MOCSCDE)算法设计

MOCSCDE 算法将 SCE-UA 算法置于文化进化的框架,根据种群空间提取的信息形成信仰空间的知识,指导算法演化的进程,提高算法运行效率,同时考虑 SCE-UA 算法中单纯形算子搜索仅仅利用种群中心和最劣个体的信息,没有充分利用种群个体所有信息,MOCSCDE 算法采用差分进化算法替代单纯形算子,充分利用种群个体信息进行演化计算,进一步提高算法的计算效率。

MOCSCDE 算法的计算步骤描述如下。

(1)设置算法参数。

(2)初始化种群空间和信仰空间。

(3)将种群空间划分为 N_C 个复形。

(4)对每个复形采用差分进化算法进化,进化过程中用形势知识、规范化知识和历史知识进行指导,每进化一代,更新形势知识中的 $P_i^c (i=1,2,\cdots,N_C)$。

(5)每个复形进化 N_{BS} 代后,将 N_C 个复形混合,并更新形势知识中的 P 以及更新规范化知识。

(6)每进化 N_M 代,更新历史知识。

(7)判断是否达到最大进化代数,若否,则跳转到(3);若是,则停止进化,并输出结果。

MOCSCDE 算法的计算流程如图 2-23 所示。

3. 实例分析

为分析 MOCSCDE 算法的性能,以新安江模型参数多目标优化率定为应用算例,并与经典多目标算法(NSGA-Ⅱ算法和 SPEA2 算法)进行对比分析。同时,为说明多目标水文模型参数优化结果的有效性,将多目标优化结果与水文领域得到广泛验证的单目标算法(SCE-UA 算法)的优化结果进行对比,结果如表 2-6 所示。

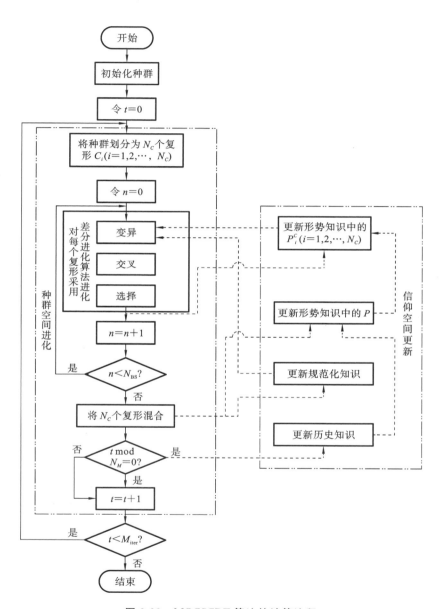

图 2-23　MOCSCDE 算法的计算流程

表 2-6　模型径流预报结果比较

优化算法		率定期			校验期		
		RMSE/(m³/s)	R^2	Q_r/(%)	RMSE/(m³/s)	R^2	Q_r/(%)
MOCSCDE	均值	**32.56**	**0.75**	**95.92**	**22.43**	**0.83**	**96.54**
	标准差	0.15	0.00	0.16	0.19	0.00	0.05
NSGA-Ⅱ	均值	33.32	0.74	94.43	23.39	0.82	91.69
	标准差	0.50	0.01	0.34	0.56	0.01	1.22
SPEA2	均值	33.72	0.73	93.87	24.00	0.81	89.66
	标准差	0.53	0.01	0.42	0.56	0.01	1.27
SCE-UA	均值	35.09	0.71	93.34	26.19	0.77	93.48
	标准差	0.37	0.01	0.53	0.43	0.01	3.60

　　由表 2-6 可知:多目标优化的性能较单目标优化有较大的提高,主要是由于多目标优化考虑大流量和小流量时的模型预报性能差异,能够有效克服单目标优化时的均化效应;MOCSCDE 算法由于具有更好的收敛性和搜索分布广度,各性能指标比 NSGA-Ⅱ和 SPEA2 更优;校验期预报结果比率定期更好,主要是由于校验期的径流变化幅度较小。

2.3　水文预报模型不确定性分析

　　近 20 年来,水文预报建模理论与方法取得了巨大进展,水文建模理论日趋成熟,水文预报模型层出不穷,然而这类方法和模型主要为确定性预报,忽略了水文预报中存在的不确定性。由于受到水文观测条件和人类对水文系统认识的限制,水文模型不可避免地会存在一定的不确定性,总体而言,水文模型预报的不确定性主要包括:模型输入不确定性、模型结构不确定性和模型参数不确定性。精确量化模型预报不确定性,不仅对模型预报性能有更全面的认识,而且对模型结构优化和改进具有重要的指导作用。

2.3.1　SCEM-UA 算法

　　SCEM-UA 算法是由 Vrugt 等于 2003 年提出的一种新型、高效、不确定性分析方法,并在模型不确定性分析中得到广泛应用。该算法以马尔科夫链蒙特卡洛(Markov Chain Monte Carlo,MCMC)进化为核心,算法在进化过程中会生成若干条马尔科夫链,每条马尔科夫链独立进化搜索,并定期进行信息交换,这种进化机制使得算法能有效获得目标的后验概率分布。SCEM-UA 算法的计算流程如图 2-24 所示。

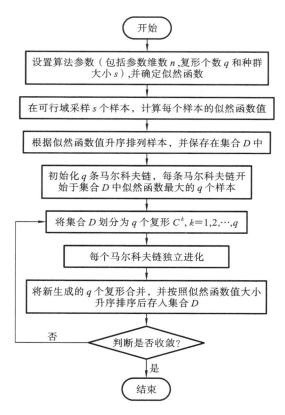

图 2-24 SCEM-UA 算法的计算流程

SCEM-UA 算法中有三个参数:种群大小 s、马尔科夫链的条数 q 和最大计算次数 N。SCEM-UA 算法中复形的个数设置为与马尔科夫链的条数相同。根据 Vrugt 等人的建议,对于简单的高斯分布求解可设置 $q \leqslant 5$ 和 $s \leqslant 100$,而对于更复杂的问题,参数应设置为 $q \geqslant 10$ 和 $s \geqslant 250$。

SCEM-UA 算法的收敛指标为 $\sqrt{SR}$,其定义为

$$\sqrt{SR} = \sqrt{\frac{g-1}{g} + \frac{q+1}{q \cdot g} \cdot \frac{B}{W}} \qquad (2\text{-}27)$$

式中:g 为马尔科夫链包含收敛解的个数;B 为 q 条马尔科夫链均值的方差;W 为 q 条马尔科夫链方差的均值。

对于每个参数,当其 $\sqrt{SR}$ 值接近 1 时,表示马尔科夫链搜索开始收敛。但是,在实际计算过程中,$\sqrt{SR}$ 的值很难达到 1,一般采用 $\sqrt{SR} \leqslant 1.2$ 作为收敛的判别条件。

2.3.2 基于 formal 和 informal 范式的不确定性分析

不确定性分析方法分为 informal 范式和 formal 范式,这两种范式下的不确定性分析主要不同点在于似然函数的选取。基于 informal 范式的模型不确定性分析,似然函数的设定具有较大的灵活性,不需要直接考虑模型的误差分布类型,似然函数主要表征模型模拟值与实测值之间的吻合程度,目前比较常用的是确定性系数 R^2。

基于 formal 范式的不确定性分析方法以贝叶斯理论为基础,具备严格数学理论基础,但是其对模型预报误差的依赖性较强,模型误差假设的合理性对计算结果影响较大。首先,假设模型预报误差独立同分布,误差满足以下分布:

$$E(\sigma, \gamma) = \frac{\omega(\gamma)}{\sigma} \exp\left[-c(\gamma) \left| \frac{x}{\sigma} \right|^{2/(1+\gamma)} \right] \tag{2-28}$$

$$\omega(\gamma) = \frac{\{\Gamma[3(1+\gamma)/2]\}^{1/2}}{(1+\gamma)\{\Gamma[(1+\gamma)/2]\}^{3/2}} \tag{2-29}$$

$$c(\gamma) = \left\{ \frac{\Gamma[3(1+\gamma)/2]}{\Gamma[(1+\gamma)/2]} \right\}^{1/(1+\gamma)} \tag{2-30}$$

式中:x 为自变量;σ 为误差分布均值;γ 用于控制模型预报残差的分布形态,当 $\gamma = 0$ 时,残差为正态分布,当 $\gamma = 1$ 时,残差为双指数分布,当 γ 趋向于 -1 时,残差趋向于均匀分布。

基于上述模型预报误差分布假定,可以得到给定模型参数组合 θ 下的似然函数为

$$L(\theta \mid Y, \gamma) = \left[\frac{\omega(\gamma)}{\sigma} \right]^N \exp\left[-c(\gamma) \sum_{i=1}^{N} \left| \frac{e_i(\theta)}{\sigma} \right|^{2/(1+\gamma)} \right] \tag{2-31}$$

式中:$e_i(\theta)$ 表示第 i 时刻的预报误差;N 表示样本长度;Y 表示样本观测值。

为剔除误差分布均值 σ 对似然函数计算的影响,参考 Vrugt 等人的研究,假定误差分布满足如下关系:

$$p(\theta, \sigma \mid \gamma) \propto \frac{1}{\sigma} \tag{2-32}$$

那么,似然函数可以转换为

$$L(\theta|Y,\gamma)=C\cdot\left[M(\theta)\right]^{-N(1+\gamma)/2} \tag{2-33}$$

$$C^{-1}=\int_{\Theta}\left[M(\theta)\right]^{-N(1+\gamma)/2}\mathrm{d}\theta \tag{2-34}$$

$$M(\theta)=\sum_{i=1}^{N}\mid e_i(\theta)\mid^{2/(1+\gamma)} \tag{2-35}$$

通常，一般采用似然函数的对数形式作为似然值，其计算公式为

$$L(\theta|Y,\gamma)=\ln C-\frac{N(1+\gamma)}{2}\ln\left[M(\theta)\right] \tag{2-36}$$

2.3.3　概念性水文预报模型不确定性分析

Vrugt 等通过研究发现，informal 范式和 formal 范式对于模型综合不确定性分析结果基本保持一致。基于这一结论，以新安江水文预报模型为应用算例，开展 formal 范式水文预报模型不确定性研究。

1. 水文模型不确定分析方法参数设置

新安江水文预报模型共有 18 个参数，其中 16 个参数需要率定，因此，SCEM-UA 算法的参数设置为 $q=5$ 和 $s=250$，同时，为保证算法的计算收敛，最大模型评价次数（或最大计算次数）设为 20000。另外，SCEM-UA 算法中设置模型参数的搜索区间如表 2-7 所示。

表 2-7　新安江水文预报模型参数

参数	物理意义	取值范围
UM/mm	上层张力水容量	5～30
LM/mm	下层张力水容量	60～90
DM/mm	深层张力水容量	15～60
B	张力水蓄水容量曲线方次	0.1～0.4
IM/(%)	流域不透水面积比例	0～0.03
K	蒸发能力折算系数	0.5～1.1
C	深层蒸发系数	0.08～0.18
SM/mm	自由水蓄水容量	10～50
EX	自由水蓄水容量曲线方次	0.5～2.0
KG	地下水的出流系数	0.35～0.45
KI	壤中流的出流系数	0.25～0.6
CG	地下水退水系数	0.99～0.998

参数	物理意义	取值范围
CI	壤中流退水系数	0.5～0.9
CS	河网蓄水量退水系数	0.01～0.5
KE	Muskingum 演算参数	0～时间步长
XE	Muskingum 演算参数	0～0.5
L	河网汇流滞时	经验值
N	河道汇流河段数	经验值

2. 径流序列异方差性处理

采用 Box-Cox 变换处理径流时间序列的异方差性，Box-Cox 变换的计算公式为

$$z=\left[(y+1)^{\lambda}-1\right]/\lambda \tag{2-37}$$

式中：y 为变换前的变量，z 为变换后的变量，λ 为变换参数。

为确定最优的 λ 值，本文参考 Misirli 的计算方法。首先根据经验假定误差分布均值 $\sigma=0$，通过试算不同 λ 值下的性能指标 FREE_POS、FREE_NEG 和 FREE。三个性能指标的定义为

$$\text{FREE\_POS} = \frac{1}{N_{\text{POS}}}\sum_{i=1}^{N_{\text{POS}}} d_i$$

$$\text{FREE\_NEG} = \frac{1}{N_{\text{NEG}}}\sum_{i=1}^{N_{\text{NEG}}} |d_i| \tag{2-38}$$

$$\text{FREE} = \text{FREE\_POS} + \text{FREE\_NEG}$$

$$d_i=\begin{cases} Q_i^{\text{max95}} - Q_i^{\text{obs}}, & Q_i^{\text{obs}} \geqslant Q_i^{\text{mlh}} \\ Q_i^{\text{obs}} - Q_i^{\text{min95}}, & Q_i^{\text{obs}} < Q_i^{\text{mlh}} \end{cases} \tag{2-39}$$

式中：d_i 表示第 i 时刻的距离（距离计算方法如式 2-39 所示）；Q_i^{max95} 表示第 i 时刻 95% 分位数的上限值；Q_i^{min95} 表示第 i 时刻 95% 分位数的下限值；Q_i^{obs} 表示第 i 时刻的实测值；Q_i^{mlh} 为第 i 时刻对应似然值最大的模拟值；N_{POS} 为距离 d_i 为正的个数；N_{NEG} 为距离 d_i 为负的个数。

通过上式的定义可知，三种性能指标主要用于评价不确定带宽的宽度及其覆盖率。当不确定带宽较窄时，FREE_POS 值更小，而较高的不确定带宽覆盖率会得到较小的 FREE_NEG 值。FREE 用于评价综合性能，FREE 值越小表示性能越优越。

结合 SCEM-UA 算法，试算不同 λ 值下的性能指标，不同 λ 值下的计算结果如

表 2-8 所示,可知 λ 的值应取 0.1。

表 2-8　不同 λ 值下的计算结果

λ	0.1	0.3	0.5	0.7	0.9
FREE_NEG	72.0731	119.4042	141.7429	181.3909	215.2650
FREE_POS	87.4124	89.9070	96.6281	110.3455	143.9332
FREE	159.4856	209.3112	238.3710	291.7364	359.1982

3. 误差分布类型确定

误差分布类型的选择对于模型不确定性结果影响较大,为确定合理的误差分布类型,本文采用与上述确定变换参数 λ 类似的方法,根据上述得到的 λ 值,计算拟定的几种典型误差分布类型下的性能指标,结果如表 2-9 所示。

表 2-9　典型误差分布类型下的性能指标计算结果

γ	-0.99	-0.5	0	0.5	1
FREE_NEG	39.4242	65.0606	72.0731	88.6216	94.8567
FREE_POS	119.3466	85.0793	87.4124	92.6042	93.4913
FREE	158.7708	150.1399	159.4856	181.2258	188.3480

从上表计算结果可知,当 $\gamma=-0.5$ 时可以得到最小的不确定带宽宽度(FREE_POS 值最小),而当 $\gamma=-0.99$ 时可以得到最优的不确定带宽覆盖率(FREE_NEG 值最小)。一般而言,当减小不确定带宽宽度时会相应降低不确定带宽覆盖率,因此从上述结果很难确定最优的误差分布类型参数 γ。因此,进一步绘制了 $\gamma=-0.5$ 和 $\gamma=-0.99$ 两种条件下的误差分布曲线,如图 2-25 所示,可知当 $\gamma=-0.5$ 时,误差分布的对称性更好,因此,最终确定误差分布类型参数 $\gamma=-0.5$。

4. 模型不确定性分析

根据上述分析得到的参数,将 SCEM-UA 算法应用于集总式新安江水文预报模型参数不确定性分析,得到模型 16 个参数收敛性指标 $\sqrt{SR}$ 随模型计算次数的变化特性如图 2-26 所示,从图中可以看出算法在模型计算约 3900 次时开始收敛。

根据算法收敛得到参数组合,分析计算模型 16 个参数的不确定性分布,如图 2-27 所示。

同时,为验证 SCEM-UA 算法计算的稳定性,本文计算了不同参数组合个数条件下的参数不确定性分布,如图 2-28 所示。对比图 2-27 和图 2-28,参数不确定性分布基本保持一致。

从上述参数不确定性分布结果可知,参数 UM、LM、DM、B、K 分布比较集中

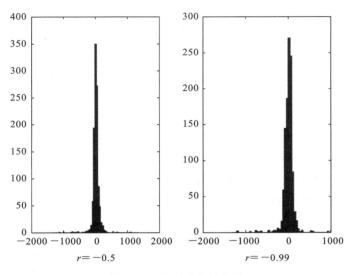

图 2-25　误差分布柱状图

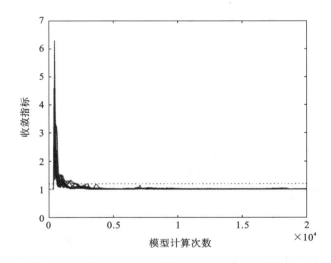

图 2-26　集总式新安江水文预报模型参数收敛性指标 $\sqrt{SR}$ 随模型计算次数的变化特性

（集中于一个值或两个值），表明流域张力水容量和流域气候条件区域性差异不显著；参数 C、IM、SM、EX 分布较分散，说明流域下垫面植被覆盖条件分布不均匀性较明显；由于流域水文输入条件的不均匀性，当整个流域使用相同的汇流参数时，导致汇流参数 KI、KG、CI、CS、XE 呈现较大的不确定性。

　　此外，模型在率定期和校验期预报结果不确定性分布如图 2-29 和图 2-30 所

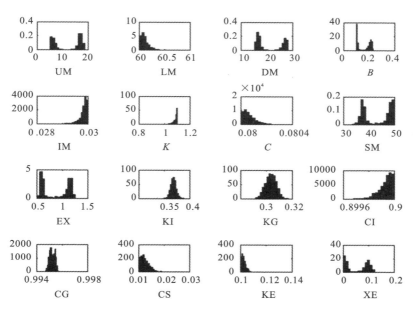

图 2-27　集总式新安江水文预报模型参数不确定性分布(模型参数组合个数为 10000)

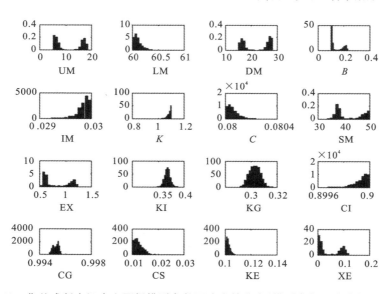

图 2-28　集总式新安江水文预报模型参数不确定性分布(模型参数组合个数为 8000)

示,图中阴影部分为 95% 不确定性预测带宽,散点为实测值。

从图中模型预报结果不确定性分布可知,模型校验期的预报不确定性带宽略大于率定期,且不确定性带宽基本完全包含枯期流量过程,而无法完全包含涨速较

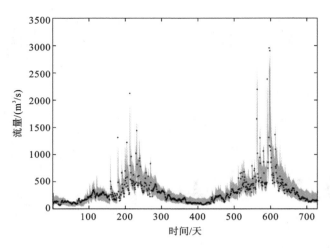

图 2-29 集总式新安江水文预报模型率定期预报结果不确定性分布

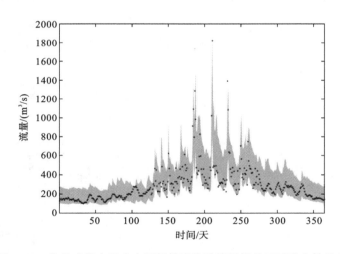

图 2-30 集总式新安江水文预报模型校验期预报结果不确定性分布

快的洪峰流量过程,表明水文预报模型对模拟多营坪流域暴雨洪水特性存在一定的不足,总体而言,集总式新安江水文预报模型能够较好地模拟该流域降雨-径流变化特性,具有良好的地域适应性。

第3章

复杂边界和地形上水动力
洪水演进数值计算

为分析洪水灾害风险,实现致灾过程预报与灾害评估,洪水演进数值计算成为课题组研究的重点问题之一。针对水流具有地形复杂、大间断解、流态多样和动边界等特点,以及基于静水和谐条件的传统地形源项处理技术在大起伏地形上的不足,基于带源项的一维浅水方程,推导了利用单元界面两侧水流参量所满足的间断条件,提出了集成底坡源项的一维浅水方程近似 Riemann 求解器。进一步,针对具有复杂计算域和强不规则地形的洪水演进数值模拟,基于浅水二维水动力学理论,综合考虑底坡项、摩阻项和干湿界面对水流的影响,建立了求解二维浅水方程的高精度 Godunov 型非结构有限体积模型;围绕传统底坡项处理技术应用于复杂地形时的不足,将底高程定义于单元顶点,提出了基于水位-体积关系的斜底单元模型,提高了格式的干湿界面处理能力;采用单元中心型底坡项近似,并通过构造通量修正项,保证了计算格式的和谐性;从理论上分析并证明了摩阻项可能引起的刚性问题,并提出了一种能有效克服摩阻项刚性问题的半隐式计算格式;研究工作提出的二维水流数值计算模型的准确性和鲁棒性在大量经典算例中得到了验证,并被成功应用于实际工程计算。

3.1　二维浅水动力学理论

由质量守恒定律和动量守恒定律推导而来的流体力学 Navier-Stokes 方

程能够很精确地描述流体运动的物理机制,但是其数值求解需要耗费大量的计算资源,因此极少应用于大空间尺度的洪水数值模拟。对 Navier-Stokes 方程进行垂直方向平均近似,可得到二维圣维南方程,即二维浅水方程。由于二维浅水方程能够较好地描述洪水的物理现象,同时方程数值求解的计算效率能满足实际应用的要求,因此国内外学术界和工程界广泛采用二维浅水方程作为洪水控制方程。本节首先介绍三维 Navier-Stokes 方程,然后给出传统二维浅水方程的推导过程,从理论上详细论述使用传统二维浅水方程导致基于斜底三角单元和中心型底坡项近似方法的数值模型需要构造动量通量校正项的问题,并进一步阐明所构造的动量通量校正项可能引起的计算失稳问题,进而针对上述问题提出二维浅水方程的一种改进形式。

3.1.1　三维 Navier-Stokes 方程

暂不考虑泥沙问题,洪水满足均质不可压缩牛顿流体假设,故采用三维 Navier-Stokes 方程描述洪水演进问题。

1. 连续性方程

$$\frac{\partial u}{\partial x} + \frac{\partial v}{\partial y} + \frac{\partial w}{\partial z} = 0 \tag{3-1}$$

2. 动量方程

$$\rho \left(\frac{\partial u}{\partial t} + u \frac{\partial u}{\partial x} + v \frac{\partial u}{\partial y} + w \frac{\partial u}{\partial z} \right) = -\frac{\partial p}{\partial x} + \frac{\partial \tau_{xx}}{\partial x} + \frac{\partial \tau_{yx}}{\partial y} + \frac{\partial \tau_{zx}}{\partial z}$$

$$\rho \left(\frac{\partial v}{\partial t} + u \frac{\partial v}{\partial x} + v \frac{\partial v}{\partial y} + w \frac{\partial v}{\partial z} \right) = -\frac{\partial p}{\partial y} + \frac{\partial \tau_{xy}}{\partial x} + \frac{\partial \tau_{yy}}{\partial y} + \frac{\partial \tau_{zy}}{\partial z} \tag{3-2}$$

$$\rho \left(\frac{\partial w}{\partial t} + u \frac{\partial w}{\partial x} + v \frac{\partial w}{\partial y} + w \frac{\partial w}{\partial z} \right) = -\frac{\partial p}{\partial z} + \frac{\partial \tau_{xz}}{\partial x} + \frac{\partial \tau_{yz}}{\partial y} + \frac{\partial \tau_{zz}}{\partial z} - \rho g$$

式中:t 为时间;x、y、z 为笛卡尔坐标系统的坐标轴;u、v、w 分别为 x、y、z 方向的流速分量;ρ 为水体密度;g 为重力加速度;p 为流体微元体上的压力;τ_{xx}、τ_{yy}、τ_{zz} 为与水流黏滞性有关的法向应力,τ_{xy}、τ_{yx}、τ_{yz}、τ_{zy}、τ_{xz}、τ_{zx} 为与水流黏滞性有关的切向应力,其中,第一个下标表示作用面的法线方向,第二个下标表示应力分量的投影方向。应力与应变率关系的本构方程为

$$\tau_{xx} = 2\rho \varepsilon_{xx} \frac{\partial u}{\partial x}, \quad \tau_{yy} = 2\rho \varepsilon_{yy} \frac{\partial v}{\partial y}, \quad \tau_{zz} = 2\rho \varepsilon_{zz} \frac{\partial w}{\partial z}$$

$$\tau_{xy} = \tau_{yx} = \rho \varepsilon_{xy} \left(\frac{\partial u}{\partial y} + \frac{\partial v}{\partial x} \right), \quad \tau_{xz} = \tau_{zx} = \rho \varepsilon_{xz} \left(\frac{\partial u}{\partial z} + \frac{\partial w}{\partial x} \right) \tag{3-3}$$

$$\tau_{yz} = \tau_{zy} = \rho \varepsilon_{yz} \left(\frac{\partial v}{\partial z} + \frac{\partial w}{\partial y} \right)$$

式中：ε_{xx}、ε_{yy}、ε_{zz}、ε_{xy}、ε_{xz}、ε_{yz} 为各方向的紊动黏性系数（单位为 m²/s）。

对于任意标量 $\phi = \phi(x,y,z,t)$，其偏导数定义如下：

$$\phi_t \equiv \frac{\partial \phi}{\partial t} \equiv \partial_t \phi, \quad \phi_x \equiv \frac{\partial \phi}{\partial x} \equiv \partial_x \phi, \quad \phi_y \equiv \frac{\partial \phi}{\partial y} \equiv \partial_y \phi, \quad \phi_z \equiv \frac{\partial \phi}{\partial z} \equiv \partial_z \phi \tag{3-4}$$

对于任意向量 $\boldsymbol{A} = (a_1, a_2, a_3)^T$，其散度定义如下：

$$\nabla \cdot \boldsymbol{A} \equiv \frac{\partial a_1}{\partial x} + \frac{\partial a_2}{\partial y} + \frac{\partial a_3}{\partial z} \tag{3-5}$$

基于式（3-4）、式（3-5）的定义，上述 Navier-Stokes 方程式（3-1）~式（3-3）可写成如下微分型守恒律形式：

$$\nabla \cdot \boldsymbol{V} = 0 \tag{3-6}$$

$$\frac{\partial \rho \boldsymbol{V}}{\partial t} + \nabla \cdot (\rho \boldsymbol{V} \otimes \boldsymbol{V} + p\boldsymbol{I} - \boldsymbol{\varPi}) = \rho \boldsymbol{g} \tag{3-7}$$

式中：$\boldsymbol{V} = \begin{bmatrix} u \\ v \\ w \end{bmatrix}$, $\quad \boldsymbol{g} = \begin{bmatrix} 0 \\ 0 \\ -g \end{bmatrix}$, $\quad \boldsymbol{V} \otimes \boldsymbol{V} = \begin{bmatrix} u^2 & uv & uw \\ vu & v^2 & vw \\ wu & wv & w^2 \end{bmatrix}$, $\quad \boldsymbol{I} = \begin{bmatrix} 1 & 0 & 0 \\ 0 & 1 & 0 \\ 0 & 0 & 1 \end{bmatrix}$,

$\boldsymbol{\varPi} = \begin{bmatrix} \tau_{xx} & \tau_{yx} & \tau_{zx} \\ \tau_{xy} & \tau_{yy} & \tau_{zy} \\ \tau_{xz} & \tau_{yz} & \tau_{zz} \end{bmatrix}$。

3.1.2　二维浅水方程

严格地讲，洪水演进属于三维流动问题，水流运动的三维性需要用式（3-1）~式（3-3）所示 Navier-Stokes 方程来精确描述洪水运动的物理机制。然而，由于洪水的传播范围较大，在宽浅河道和洪泛区，水平方向运动的尺度远大于垂直尺度，流场特性沿垂直方向的变化幅度远小于沿水平方向的变化幅度，且 Navier-Stokes 方程的数值求解需要耗费大量的计算资源，在现有的技术条件下难以实现大空间尺度方程的高效求解。因此，综合考虑模拟精度和计算效率的要求，忽略流速等物理量沿垂直方向的变化，将洪水演进概化为具有自由表面的二维浅水流动问题，采用二维圣维南方程作为洪水的控制方程。

由 Saint-Venant 于 1871 年提出的圣维南方程至今仍在河流动力学中发挥着极其重要的作用。由于圣维南方程描述了具有自由表面的浅水流动问题，因此圣维南方程又名浅水方程。通过采取静水压力分布、物理量沿垂直方向均匀分布等假设条件，结合水面、河床等边界条件，将 Navier-Stokes 方程沿垂直方向进行积分并简化，可得到二维浅水方程。

如图 3-1 所示，约定高程基准面的高程值为零，假设水位为 $\eta(x,y,t)$，河底高

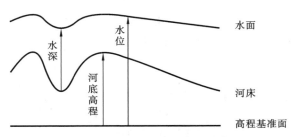

图 3-1　水位、水深、河底高程示意图

程为 $b(x,y)$，水深为 $h(x,y,t)$，则三者满足如下关系：

$$\eta(x,y,t)=h(x,y,t)+b(x,y) \tag{3-8}$$

对于水面，有：

$$\varphi(x,y,z,t)\equiv z-\eta(x,y,t)=0 \tag{3-9}$$

水面相应的边界条件为

$$\frac{\mathrm{d}}{\mathrm{d}t}(z-\eta(x,y,t))=0 \Rightarrow (\eta_t+u\eta_x+v\eta_y-w)\big|_{z=\eta}=0 \tag{3-10}$$

$$p(x,y,z,t)\big|_{z=\eta(x,y,t)}=0 \tag{3-11}$$

对于河床，有：

$$\varphi(x,y,z,t)\equiv z-b(x,y)=0 \tag{3-12}$$

河床相应的边界条件为

$$\frac{\mathrm{d}}{\mathrm{d}t}(z-b(x,y))=0 \Rightarrow (ub_x+vb_y-w)\bigg|_{z=b}=0 \tag{3-13}$$

假设垂直方向的加速度可以忽略，压强沿垂直方向分布可采用静水压强分布假定，即

$$p_z=-\rho g \tag{3-14}$$

结合式(3-11)，由式(3-14)有

$$p=\rho g(\eta-z) \tag{3-15}$$

因此，由式(3-15)有

$$p_x=\rho g\eta_x, \quad p_y=\rho g\eta_y \tag{3-16}$$

忽略垂直方向速度分量产生的剪切应力，即

$$\tau_{zz}=0$$

$$\tau_{xz}=\tau_{zx}=\rho\varepsilon_{xz}\frac{\partial u}{\partial z} \tag{3-17}$$

$$\tau_{yz}=\tau_{zy}=\rho\varepsilon_{yz}\frac{\partial v}{\partial z}$$

定义沿垂直方向的平均流速为

$$\tilde{u} = \frac{1}{h}\int_b^\eta u\,\mathrm{d}z$$

$$\tilde{v} = \frac{1}{h}\int_b^\eta v\,\mathrm{d}z \qquad (3\text{-}18)$$

将式(3-1)沿垂直方向积分，可得

$$\int_b^\eta (u_x + v_y + w_z)\,\mathrm{d}z = 0 \qquad (3\text{-}19)$$

由式(3-19)有

$$w\mid_{z=\eta} - w\mid_{z=b} + \int_b^\eta u_x\,\mathrm{d}z + \int_b^\eta v_y\,\mathrm{d}z = 0 \qquad (3\text{-}20)$$

由式(3-10)、式(3-13)和式(3-20)，可得

$$(\eta_t + u\eta_x + v\eta_y)\mid_{z=\eta} - (ub_x + vb_y)\mid_{z=b} + \int_b^\eta u_x\,\mathrm{d}z + \int_b^\eta v_y\,\mathrm{d}z = 0 \quad (3\text{-}21)$$

应用莱布尼茨(Leibnitz)法则，对式(3-21)等号左边的后两项进行变换：

$$\int_b^\eta u_x\,\mathrm{d}z = \frac{\partial}{\partial x}\int_b^\eta u\,\mathrm{d}z - u\mid_{z=\eta}\bullet\eta_x + u\mid_{z=b}\bullet b_x \qquad (3\text{-}22)$$

$$\int_b^\eta v_y\,\mathrm{d}z = \frac{\partial}{\partial y}\int_b^\eta v\,\mathrm{d}z - v\mid_{z=\eta}\bullet\eta_y + v\mid_{z=b}\bullet b_y \qquad (3\text{-}23)$$

将式(3-22)和式(3-23)代入式(3-21)，可得

$$\eta_t + \frac{\partial}{\partial x}\int_b^\eta u\,\mathrm{d}z + \frac{\partial}{\partial y}\int_b^\eta v\,\mathrm{d}z = 0 \qquad (3\text{-}24)$$

由于不考虑泥沙问题，即$\partial b/\partial t = 0$，式(3-8)、式(3-18)和式(3-24)可得沿垂直方向平均的连续性方程为

$$\frac{\partial h}{\partial t} + \frac{\partial}{\partial x}(h\tilde{u}) + \frac{\partial}{\partial y}(h\tilde{v}) = 0 \qquad (3\text{-}25)$$

将式(3-2)前两个等式沿垂直方向积分并取平均，结合水面处边界条件，即风引起的剪切力

$$\rho\epsilon_{xz}\frac{\partial u}{\partial z}\bigg|_{z=\eta} = \frac{\tau_x^w}{\rho} \qquad (3\text{-}26)$$

$$\rho\epsilon_{yz}\frac{\partial v}{\partial z}\bigg|_{z=\eta} = \frac{\tau_y^w}{\rho} \qquad (3\text{-}27)$$

以及河底处边界条件，即河底表面引起的摩阻力

$$\rho\epsilon_{xz}\frac{\partial u}{\partial z}\bigg|_{z=b} = \frac{\tau_x^b}{\rho} \qquad (3\text{-}28)$$

$$\rho\epsilon_{yz}\frac{\partial v}{\partial z}\bigg|_{z=b} = \frac{\tau_y^b}{\rho} \qquad (3\text{-}29)$$

可得沿垂直方向平均的动量方程：

$$\frac{\partial}{\partial t}(h\tilde{u}) + \frac{\partial}{\partial x}\left(h\tilde{u}^2 + \frac{1}{2}gh^2\right) + \frac{\partial}{\partial y}(h\widetilde{uv})$$

$$= -gh\frac{\partial b}{\partial x} + \frac{1}{\rho}(\tau_x^w - \tau_x^b) + \frac{1}{\rho}\left[\frac{\partial}{\partial x}\left(2h\rho\varepsilon_{xx}\frac{\partial\tilde{u}}{\partial x}\right) + \frac{\partial}{\partial y}\left(h\rho\varepsilon_{xy}\left(\frac{\partial\tilde{u}}{\partial y} + \frac{\partial\tilde{v}}{\partial x}\right)\right)\right] \quad (3\text{-}30)$$

$$\frac{\partial}{\partial t}(h\tilde{v}) + \frac{\partial}{\partial x}(h\widetilde{uv}) + \frac{\partial}{\partial y}\left(h\tilde{v}^2 + \frac{1}{2}gh^2\right)$$

$$= -gh\frac{\partial b}{\partial y} + \frac{1}{\rho}(\tau_y^w - \tau_y^b) + \frac{1}{\rho}\left[\frac{\partial}{\partial x}\left(h\rho\varepsilon_{xy}\left(\frac{\partial\tilde{u}}{\partial y} + \frac{\partial\tilde{v}}{\partial x}\right)\right) + \frac{\partial}{\partial y}\left(2h\rho\varepsilon_{yy}\frac{\partial\tilde{v}}{\partial y}\right)\right] \quad (3\text{-}31)$$

式中:τ_x^w、τ_y^w 分别为表面风应力在 x、y 方向的分量;τ_x^b、τ_y^b 分别为底摩阻力在 x、y 方向的分量。

为书写方便,略去垂直方向平均流速分量 $\tilde{u}$ 和 $\tilde{v}$ 的波浪号,即本章后续内容中用 u、v 分别代表垂直方向平均流速在 x、y 方向的分量。

假设水平方向的紊动黏性系数相等,即

$$\nu_t = \varepsilon_{xx} = \varepsilon_{xy} = \varepsilon_{yy} \quad (3\text{-}32)$$

式中:ν_t 代表水平方向的紊动黏性系数。

忽略表面风应力,由式(3-25)、式(3-30)和式(3-31)组成的二维浅水方程可表示为如下微分型守恒律形式:

$$\frac{\partial \boldsymbol{U}}{\partial t} + \frac{\partial \boldsymbol{E}^{\mathrm{adv}}}{\partial x} + \frac{\partial \boldsymbol{G}^{\mathrm{adv}}}{\partial y} = \frac{\partial \boldsymbol{E}^{\mathrm{diff}}}{\partial x} + \frac{\partial \boldsymbol{G}^{\mathrm{diff}}}{\partial y} + \boldsymbol{S} \quad (3\text{-}33)$$

式中:$\boldsymbol{U}$ 为守恒向量;$\boldsymbol{E}^{\mathrm{adv}}$、$\boldsymbol{G}^{\mathrm{adv}}$ 分别为 x、y 方向的对流通量向量;$\boldsymbol{E}^{\mathrm{diff}}$、$\boldsymbol{G}^{\mathrm{diff}}$ 分别为 x、y 方向的扩散通量向量;$\boldsymbol{S}$ 为源项向量。

$$\boldsymbol{U} = \begin{bmatrix} h \\ hu \\ hv \end{bmatrix}, \quad \boldsymbol{S} = \boldsymbol{S}_0 + \boldsymbol{S}_f = \begin{bmatrix} 0 \\ ghS_{0x} \\ ghS_{0y} \end{bmatrix} + \begin{bmatrix} 0 \\ -ghS_{fx} \\ -ghS_{fy} \end{bmatrix}$$

$$\boldsymbol{E}^{\mathrm{adv}} = \begin{bmatrix} hu \\ hu^2 + gh^2/2 \\ huv \end{bmatrix}, \quad \boldsymbol{G}^{\mathrm{adv}} = \begin{bmatrix} hv \\ huv \\ hv^2 + gh^2/2 \end{bmatrix} \quad (3\text{-}34)$$

$$\boldsymbol{E}^{\mathrm{diff}} = \begin{bmatrix} 0 \\ 2h\nu_t\dfrac{\partial u}{\partial x} \\ h\nu_t\left(\dfrac{\partial u}{\partial y} + \dfrac{\partial v}{\partial x}\right) \end{bmatrix}, \quad \boldsymbol{G}^{\mathrm{diff}} = \begin{bmatrix} 0 \\ h\nu_t\left(\dfrac{\partial u}{\partial y} + \dfrac{\partial v}{\partial x}\right) \\ 2h\nu_t\dfrac{\partial v}{\partial y} \end{bmatrix}$$

式中:S_{fx}、S_{fy} 分别为 x、y 方向的摩阻斜率;S_{0x}、S_{0y} 分别为 x、y 方向底坡斜率:

$$S_{0x} = -\frac{\partial b(x,y)}{\partial x}, \quad S_{0y} = -\frac{\partial b(x,y)}{\partial y} \quad (3\text{-}35)$$

浅水流动的水流阻力与地表下垫面情况和水流水力要素有关,一般通过室内试验和野外观测建立相应的水力学公式。本章采用 Manning 公式计算摩阻斜率:

$$S_{fx}=\frac{n^2 u \sqrt{u^2+v^2}}{h^{4/3}}, \quad S_{fy}=\frac{n^2 v \sqrt{u^2+v^2}}{h^{4/3}} \tag{3-36}$$

式中：n 为 Manning 系数，与地形地貌、地表粗糙程度、植被覆盖等下垫面情况有关，一般结合经验给定 Manning 系数值。

为确定紊动黏性系数 ν_t，国内外学者采用了多种复杂程度各异的模型，包括取常数值、代数封闭模式、k-ε 紊流模型。综合考虑计算复杂度和模拟精度的要求，本书采用如下代数关系计算紊动黏性系数：

$$\nu_t = \alpha \kappa u_* h \tag{3-37}$$

式中：α 为比例系数，一般取 0.2，若取 0 则表示模型不考虑紊动扩散项；κ 为卡门系数，取 0.4；u_* 为床面剪切流速，且

$$u_* = \sqrt{\frac{g n^2 (u^2+v^2)}{h^{1/3}}} \tag{3-38}$$

3.2　基于有限体积法的洪水数值计算模型

暂不考虑紊动扩散项，即式(3-37)中 α 取 0。运用 Godunov 格式的有限体积法对式(3-33)进行离散，可得

$$\Omega_i \frac{\mathrm{d}\boldsymbol{U}_i}{\mathrm{d}t} = -\sum_{k=1}^{m} \boldsymbol{F}_{i,k} \cdot \boldsymbol{n}_{i,k} L_{i,k} + \boldsymbol{S}_i \tag{3-39}$$

式中：$\boldsymbol{F}_{i,k}=[\boldsymbol{E},\boldsymbol{G}]^{\mathrm{T}}$ 为通量；Ω_i 为面积；$\boldsymbol{n}$ 为边的单位外法线向量；$L_{i,k}$ 为边长；m 为控制体边数。

3.2.1　黎曼问题及近似黎曼求解器

黎曼问题是一维时间变量欧拉方程的初值问题，定义为

$$\frac{\partial \boldsymbol{U}}{\partial t}+\frac{\partial \boldsymbol{F}(\boldsymbol{U})}{\partial x}=\boldsymbol{0} \tag{3-40}$$

$$\boldsymbol{U}(x,0)=\begin{cases} \boldsymbol{U}_{\mathrm{L}}, & x<0 \\ \boldsymbol{U}_{\mathrm{R}}, & x>0 \end{cases} \tag{3-41}$$

常用的近似黎曼求解器有 Roe 型、HLLC 型等。HLLC 型近似黎曼求解器能够很好地包括干湿界面的处理且易于实现，得到了广泛的应用。HLLC 型近似黎曼求解器的解结构如图 3-2 所示，由左行波、中波、右行波划分为 4 个区域。考虑左、右波速 $S_{\mathrm{L}}<0$ 且 $S_{\mathrm{R}}>0$，在矩形 ABCD 中积分，得

$$U_{i+\frac{1}{2}}^{*} = \frac{S_{R}U_{R} - S_{L}U_{L} - (f_{R} - f_{L})}{S_{R} - S_{L}} \qquad (3\text{-}42\text{-}a)$$

$$f_{i+\frac{1}{2}}^{*} = \frac{S_{R}f_{L} - S_{L}f_{R} + S_{L}S(U_{R} - U_{L})}{S_{R} - S_{L}} \qquad (3\text{-}42\text{-}b)$$

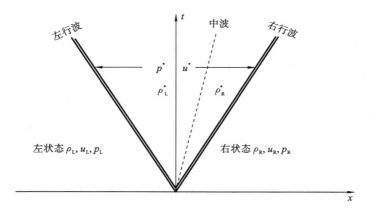

图 3-2 HLLC 型近似黎曼求解器的解结构

界面通量可以计算为

$$f = \begin{cases} f_{L}, & 0 \leqslant S_{L} \\ f_{*L}, & S_{L} \leqslant 0 \leqslant S_{M} \\ f_{*R}, & S_{M} \leqslant 0 \leqslant S_{R} \\ f_{R}, & S_{R} \leqslant 0 \end{cases} \qquad (3\text{-}43)$$

式中:$f_{L} = f(U_{L})$,$f_{R} = f(U_{R})$ 直接由界面左、右的黎曼状态 U_{L}、U_{R} 得到。

$$f_{*L} = [f_{*1}, f_{*2}, v_{L} * f_{*1}]^{T}$$
$$f_{*R} = [f_{*1}, f_{*2}, v_{R} * f_{*1}]^{T} \qquad (3\text{-}44)$$

$$f_{*} = \frac{S_{R}f_{L} - S_{L}f_{R} + S_{L}S_{R}(U_{R} - U_{L})}{S_{R} - S_{L}} \qquad (3\text{-}45)$$

式中:f_{*1},f_{*2} 为 f_{*} 的前两个分量。波速计算有多种近似方法,常采用双稀疏波假设计算波速。

$$S_{L} = \begin{cases} u_{R} - 2\sqrt{gh_{R}}, & h_{L} \leqslant 0 \\ \min(u_{L} - \sqrt{gh_{L}}, u_{*} - \sqrt{gh_{*}}), & h_{L} > 0 \end{cases} \qquad (3\text{-}46\text{-}a)$$

$$S_{R} = \begin{cases} u_{L} + 2\sqrt{gh_{L}}, & h_{R} \leqslant 0 \\ \max(u_{R} + \sqrt{gh_{R}}, u_{*} + \sqrt{gh_{*}}), & h_{R} > 0 \end{cases} \qquad (3\text{-}46\text{-}b)$$

$$S_{M} = \frac{S_{L}h_{R}(u_{R} - S_{R}) - S_{R}h_{L}(u_{L} - S_{L})}{h_{R}(u_{R} - S_{R}) - h_{L}(u_{L} - S_{L})} \qquad (3\text{-}46\text{-}c)$$

式中：u_L、u_R、h_L、h_R 为待求黎曼问题的左、右黎曼状态；u_*、h_* 为黎曼解中间状态。

$$u_* = \frac{1}{2}(u_L + u_R) + \sqrt{gh_L} - \sqrt{gh_R}$$

$$h_* = \frac{1}{16g}\left[u_L - u_R + 2\left(\sqrt{gh_L} + \sqrt{gh_R}\right)\right]^2 \tag{3-47}$$

3.2.2　梯度限制器

为提高计算的空间精度，必须采用限制梯度方法。以 x 方向为例，重构的黎曼状态为

$$\boldsymbol{U}_{i,E} = \boldsymbol{U}_i + \frac{1}{2}\boldsymbol{\Psi}_{i,x}(\boldsymbol{U}_i - \boldsymbol{U}_w), \quad \boldsymbol{U}_{e,w} = \boldsymbol{U}_e - \frac{1}{2}\boldsymbol{\Psi}_{e,x}(\boldsymbol{U}_e - \boldsymbol{U}_i) \tag{3-48}$$

式中：$\boldsymbol{\Psi}$ 为梯度算子。常见的梯度限制器有 VanLeer、VanAlbada、Minmod。

VanLeer 限制器：

$$\Psi(r) = \begin{cases} \dfrac{r + |r|}{1 + r}, & r > 0 \\ 0, & r \leqslant 0 \end{cases} \tag{3-49}$$

VanAlbada 限制器：

$$\Psi(r) = \begin{cases} \dfrac{r + r^2}{1 + r^2}, & r > 0 \\ 0, & r \leqslant 0 \end{cases} \tag{3-50}$$

Minmod 限制器：

$$\Psi(r) = \max(0, \min(r, 1)) \tag{3-51}$$

采用 Minmod 限制算子。网格 C_i 各个界面黎曼状态水位、水深、x 和 y 方向动量经限制器重构算得

$$\boldsymbol{U}_i(\Delta x, \Delta y) = \boldsymbol{U}_i + \Delta x \cdot \boldsymbol{\Psi}(r_x)\frac{\boldsymbol{U}_e - \boldsymbol{U}_i}{\boldsymbol{U}_i - \boldsymbol{U}_w} + \Delta y \cdot \boldsymbol{\Psi}(r_y)\frac{\boldsymbol{U}_n - \boldsymbol{U}_i}{\boldsymbol{U}_i - \boldsymbol{U}_s} \tag{3-52}$$

界面两侧重构底高程分别为 $b_L = \eta_L - h_L$，$b_R = \eta_R - h_R$，定义界面处高程 $b = \max(b_L, b_R)$，界面左、右水深和水位调整为

$$h_L^* = \max(0, \eta_L - b), \quad h_R^* = \max(0, \eta_R - b), \quad \eta_L^* = h_L^* + b, \quad \eta_R^* = h_R^* + b \tag{3-53}$$

能够直接将式(3-53)定义的相对于统一界面底高程下的水深具有非负的特性代入式(3-43)～式(3-47)，求解界面通量。

3.2.3　高阶时间格式

由式(3-39)，可以得到模型的时间更新的显示格式

$$\boldsymbol{U}_i^{n+1} = \boldsymbol{U}_i^n + \Delta t \cdot \boldsymbol{L}_i(\boldsymbol{U}^n) \tag{3-54}$$

式中：L_i 为更新算子，$L_i(U^n) = s_i - (f_E - f_w)/\Delta x - (f_N - f_s)/\Delta y$。

1. 两步 Runge-Kutta 法

应用两步 Runge-Kutta 法，在时间上达到二阶精度。式(3-54)变为

$$U_i^{n+1} = U_i^n + \frac{1}{2}\Delta t[L_i(U_i^n) + L_i(U_i^{n+1/2})] \tag{3-55}$$

式中：过渡状态守恒向量 $U_i^{n+1/2} = U_i^n + \frac{1}{2}\Delta t L_i(U_i^n)$。

时间积分过程具体实现如下：① 计算通量，算得更新量 $L_i(U_i^n)$，$n+\frac{1}{2}$ 时刻守恒向量 $U_i^{n+1/2}$；② 以 $U_i^{n+1/2}$ 为初值计算通量，计算各界面通量，得到 $L_i(U_i^{n+1/2})$；③ 按式(3-55)更新守恒向量，进入 $n+1$ 时刻。

2. Hancock 预测校正法

Hancock 预测校正法分两步完成时间步更新，在提高解时间精度的同时，仅计算一步黎曼问题，显著提高计算效率。预测步中

$$\bar{U}_i^{n+1/2} = U_i^n - \frac{\Delta t}{2\Delta x}(f_E - f_w) - \frac{\Delta t}{2\Delta y}(g_N - g_s) + \frac{\Delta t}{2}s_i \tag{3-56}$$

通量 f_E、f_w、g_N、g_s 由单元边界中心点处的值计算，而边界中心点处的值由单元中心点的值线性插值得到。在预测步，我们不是通过黎曼问题求解通量，而是用单元边界处的值直接估算通量。很明显，在这里用单元内边界的通量代替该单元边界的通量是不守恒的。但是，预测步所引起的不守恒只对中间状态量起作用，并不影响整个数值格式的守恒性。在校正步，利用 HLLC 型近似黎曼求解器求得单元界面处的通量并用式(3-56)对守恒量进行一个时间步长的更新，这个过程是守恒的。矫正步中，黎曼状态通过预测步后相邻单元中心量线性重构得到。

3.2.4 摩阻项处理

采用算子分裂法处理摩阻项，即

$$\frac{d U_i}{d t} = S_f(U_i) \Rightarrow \frac{d}{d t}\begin{bmatrix} h \\ hu \\ hv \end{bmatrix} = \begin{bmatrix} 0 \\ -gn^2 hu \sqrt{u^2 + v^2}/h^{4/3} \\ -gn^2 hv \sqrt{u^2 + v^2}/h^{4/3} \end{bmatrix} \tag{3-57}$$

由于 $dh/dt = 0$，因此，式(3-57)可简化为

$$\frac{d}{d t}\begin{bmatrix} u \\ v \end{bmatrix} = \begin{bmatrix} -gn^2 u \sqrt{u^2 + v^2}/h^{4/3} \\ -gn^2 v \sqrt{u^2 + v^2}/h^{4/3} \end{bmatrix} = -gn^2 h^{-4/3}\begin{bmatrix} u \sqrt{u^2 + v^2} \\ v \sqrt{u^2 + v^2} \end{bmatrix} \tag{3-58}$$

令 $u=[u,v]^{\mathrm{T}}$，$R(u)=-gn^2h^{-4/3}[u\sqrt{u^2+v^2},v\sqrt{u^2+v^2}]$，则 $R(u)$ 的雅可比矩阵为

$$J=\frac{\partial R(u)}{\partial u}$$

$$=-gn^2h^{-4/3}\begin{bmatrix}\sqrt{u^2+v^2}+u^2/\sqrt{u^2+v^2} & uv/\sqrt{u^2+v^2}\\ uv/\sqrt{u^2+v^2} & \sqrt{u^2+v^2}+v^2/\sqrt{u^2+v^2}\end{bmatrix} \tag{3-59}$$

其特征值为 $\lambda_1=-gn^2h^{-4/3}\sqrt{u^2+v^2}$，$\lambda_2=-2gn^2h^{-4/3}\sqrt{u^2+v^2}$。若采用两步龙格库塔法计算式(3-58)，结合模型方程 $y'=\lambda y$ 进行绝对稳定性分析，可得

$$|E(\lambda\Delta t)|=\left|1+\lambda\Delta t+\frac{1}{2}(\lambda\Delta t)^2\right|<1 \tag{3-60}$$

故 $-2<\lambda\Delta t<0$。复杂地形的陡峭坡面使局部区域的水深非常小，而流速很大，导致 $|\lambda_{1,2}|$ 很大，即式(3-60)对应的常微分方程系统的 Lipschitz 常数很大，摩阻项会引起刚性问题。此时，若采用一般的显式数值方法，则会显著影响数值计算的稳定性，或极大减小时间步长，从而降低计算效率。

为解决摩阻项引起的刚性问题，提高模型的数值稳定性，研究工作组提出了一种半隐式计算格式。令 $\tau=-gn^2\sqrt{u^2+v^2}h^{-4/3}$，由式(3-60)有 $\mathrm{d}u/\mathrm{d}t=\tau u$。利用半隐式求解格式有 $(u^{n+1}-\hat{u}^n)/\Delta t=\hat{\tau}^n u^{n+1}$，即

$$u^{n+1}=\frac{1}{1-\Delta t\hat{\tau}^n}\hat{u}^n,\quad v^{n+1}=\frac{1}{1-\Delta t\hat{\tau}^n}\hat{v}^n \tag{3-61}$$

式中：$\hat{\tau}^n=-gn^2\sqrt{(\hat{u}^n)^2+(\hat{v}^n)^2}\,(\hat{h}^n)^{-4/3}$，$\hat{h}^n$、$\hat{u}^n$、$\hat{v}^n$ 为利用数值通量对 n 时刻已知量进行更新得到的值。式(3-61)能保证不改变流速的方向，有利于计算稳定。

3.2.5　底坡源项处理

为使格式和谐，实现底坡源项与通量在静水条件下相等，模型添加了额外底坡源项，并证明在各种情况下额外项能够保证格式和谐。$s_b=[0,s_{bx},s_{by}]^{\mathrm{T}}$，$s_{bx}=-g\eta\dfrac{\partial b}{\partial x}+s_{b,e}+s_{b,w}$，$s_{by}=-g\eta\dfrac{\partial b}{\partial y}+s_{b,n}+s_{b,s}$。$s_{bx}$ 的第一项中水位可以直接取界面黎曼状态中水位变量的平均值。$-g\eta\dfrac{\partial b}{\partial x}=-g\bar{\eta}_x\left(\dfrac{b_e-b_w}{\Delta x}\right)$，$\bar{\eta}_x=(\eta_e^*+\eta_w^*)/2$。附加额外项

$$s_{b,e}=g\Delta b_e\frac{(b_e-\Delta b_e)-b_w}{2\Delta x},\quad s_{b,w}=g\Delta b_w\frac{b_e-(b_w-\Delta b_w)}{2\Delta x} \tag{3-62}$$

$$\Delta b_e=\max\{0,-(\eta_{e,L}-b_e)\},\quad \Delta b_w=\max\{0,-(\eta_{w,R}-b_w)\} \tag{3-63}$$

附加源项仅在干河床时有效，否则界面处 $\Delta b=0$，相应的附加源项也自动为 0。将下标 n、s 与 y 分别替换为 e、w 与 x，即可得到南、北方向底坡源项的计算公式。

3.2.6 边界处理

在边界网格远离计算域处设立虚拟镜像网格,镜像网格 C_g 的守恒向量 U_g 的设定受相邻边界网格 C_b 及边界条件的影响。若为固壁边界条件(水陆边界条件),则可直接得到 U_g($\eta_g = \eta_b$,$u_{\perp,g} = -u_{\perp,b}$,$u_{/\!/,g} = u_{/\!/,b}$);否则必须先计算网格的局部弗汝德数 $Fr = \sqrt{(u^2 + v^2)/(gh)}$,及边界外法线方向 $\boldsymbol{n}$ 的法向速度 $u_\perp$、斜向速度 $u_{/\!/}$,再根据边界类型选择合适的方法计算 U_g。

1. $Fr < 1$(亚临界流)

(1)给定水位 h_s:

$$h_g = h_s$$
$$u_{\perp,g} = u_{\perp,b} + 2\sqrt{g}(h_s - h_b) \tag{3-64}$$
$$u_{/\!/,g} = u_{/\!/,b}$$

(2)给定法向流速 $u_{\perp,s}$:

$$h_g = [h_b + (u_{\perp,s} - u_{\perp,b})/(2\sqrt{g})]^2$$
$$u_{\perp,g} = u_{\perp,b} \tag{3-65}$$
$$u_{/\!/,g} = u_{/\!/,b}$$

(3)给定输入流量 $Q_{n,s}$,联立方程,采用牛顿迭代法等数值方法求解:

$$h_g \cdot u_{\perp,g} = -Q_{\perp,s}$$
$$u_{\perp,g} + 2\sqrt{gh_g} = u_{\perp,b} + 2\sqrt{gh_b} \tag{3-66}$$
$$u_{/\!/,g} = u_{/\!/,b}$$

2. $Fr > 1$(超临界流)

若该边界处为入流条件,$u_{\perp,b} < 0$,则 h_g、η_g、$u_{\perp,g}$、$u_{/\!/,g}$ 指定为预先确定的值;若该边界处为出流条件,$u_{\perp,b} > 0$,则虚拟网格的黎曼状态直接复制边界网格处的相应值。

$$h_g = h_b$$
$$u_{\perp,g} = u_{\perp,b} \tag{3-67}$$
$$u_{/\!/,g} = u_{/\!/,b}$$

3.2.7 稳定性条件

整体上计算为显示格式,稳定性受 CFL 条件限制。基于笛卡尔坐标系下的二维结构自适应加密网格,计算时间步长可以表示为

$$\Delta t = N_{\text{CFL}} \cdot \min\{\Delta t_x, \Delta t_y\} \tag{3-68}$$

$$\Delta t_x = \min_i \left\{ \frac{M_i}{|u_i| + \sqrt{gh_i}} \right\}, \quad \Delta t_y = \min_i \left\{ \frac{N_i}{|v_i| + \sqrt{gh_i}} \right\} \tag{3-69}$$

式中：N_{CFL} 为科朗数，应满足 $0 < N_{CFL} \leqslant 1$，在本章中，为使得结构网格自适应加密模型稳定运行，取 $N_{CFL} = 0.6$。计算时间步长受整个计算域内最小网格限制，为提高计算效率应引入局部时间步长。

3.3 复杂边界和不规则地形下网格自适应技术

在数值模拟中，地形概化精度对模拟结果有较大影响。实际地形下，计算域边界不规则，计算区域内地形梯度变化较大，传统的结构网格模型将边界概化为折线，若网格尺寸较小，则网格数急剧上升，严重影响模型计算效率；若网格尺寸较大，则削弱数值解精度，产生较大的误差。同时，为实现模型捕获水流激波区域，提高动态过程模拟精度，需要动态布置网格。自适应网格模型拓扑结构简单，网格邻接关系易于计算，可灵活地布置计算网格，近年来在空气动力学模拟流域已得到广泛的研究，在水动力学领域也逐渐引起国内外学者的重视。

以结构网格为基础建立自适应网格模型，如图3-3所示。每个网格单元除基本的空间坐标 x-y 值、守恒变量水深及流速等字段外，还存储了能够表达网格拓扑关系的信息：划分等级 level、深度 depth、邻接网格 $C_i(j=1,2,\cdots,8)$、母网格 parent 及子网格激活状态 chdActive。初始网格划分等级与叶节点深度定义为 0。网格的尺度由其划分等级 $level_i$ 确定 $M_i = M_0/2^{level_i}$，$N_i = N_0/2^{level_i}$，其中 M_i、N_i 分别为网格的宽与高，M_0、N_0 为原始网格的宽与高。

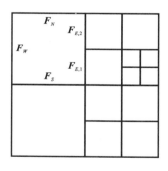

图3-3 自适应网格模型

将任意网格 C_i 在水平、竖直方向上等分后得到相同大小的 4 个子网格，子网格与母网格具有以下关系：子网格的等级等于母网格等级加 1，母网格的深度等于 4 个子网格深度的最大值加 1，子网格边长为母网格边长的一半。在网格动态布置过程中应保证任意相邻网格满足两倍边长关系，即网格的任意边长只能是相邻网格对应边长的 2 倍、1 倍或一半，如图3-3所示。自适应网格生成过程如下。

（1）整个计算域用原始网格覆盖。

（2）输入待加密的种子点（常位于边界、地形起伏剧烈或者研究的核心区域）。

（3）若种子点队列不为空，从队列中取出一点，定位其所在的网格，记为当前网格 C_i；否则，结束加密过程，跳至（8）。

（4）若当前网格等级大于给定值，即网格已加密到最高等级，回至（3）。

（5）判断当前网格的等级 $level_i$ 与相邻网格等级 $level_j$ 的关系，若 $level_i >$ $level_j$，即当前网格 C_i 的边长小于相邻网格的边长，则对网格 C_i 加密。

（6）重复（5）所述过程，直至对网格 C_i 的所有邻接网格 C_j 均有 $level_i \leqslant level_j$。

（7）对网格 C_i 加密。

（8）计算并设置所有网格的初始水深流速。

3.3.1　网格密集化

加密过程需预先确定种子点位置，常在地形坡度较大及初始水深流速变化较大的地方布置，以提高模型求解的精度；同时在边界处也应设置种子点，保证模型边界与物理边界位置一致。

在网格加密过程中，应根据子网格的坐标值计算新的底高程值，而非直接继承母网格的高程值，以提高模型对地形的识别能力；同时，合理设置子网格的守恒量，本章遵循水量守恒的原则，4 个子网格内水位相等，除非某网格内新底高程值过高。值得注意的是，由于地形的原因，网格的新计算水位与初始水位往往不等，因此网格加密可能在静水条件下产生短暂的扰动。

在加密结束时，自动更新子网格及相关网格的拓扑邻接关系，在减少计算流场梯度、界面通量时寻找邻接网格的重复工作；更新网格 C_i 的划分等级 $level_i$ 及深度 $depth_i$；置布尔变量 $chdActive_i$ 为真。

3.3.2　网格稀疏化

模型网格经过初始加密后，实现了模型对地形及初始水位变化显著区域的辨识能力，然而随着浅水波的演进，各网格的水位梯度、流速梯度发生改变，峰线位置随之变化。模型的网格在大网格高梯度区加密变得十分必要，同时在小网格低梯度区，水力要素变化不显著，多个叶网格可以合并，以实现网格的消去，减少计算域内总网格数。

与加密过程在叶网格上进行不同，网格消去过程仅作用于深度为 1 的网格。稀疏化过程，置 $chdActive_i$ 为假；更新相应网格的深度，在水量不变的原则下计算网格的守恒量；最后更新相邻网格的邻接关系。

3.3.3　网格自适应准则

动态加密消去的判定变量 θ 选择为水位梯度的模值。网格动态加密消去过程,即网格自适应过程在整个计算域完成一次更新后进行。

$$\theta = \sqrt{\left[\frac{\partial \eta}{\partial x}\right]^2 + \left[\frac{\partial \eta}{\partial y}\right]^2} \tag{3-70}$$

网格加密过程遍历所有的叶节点,当前网格为湿网格且梯度模值大于加密阈值 $\theta_{\max}$ 时,网格执行加密过程,网格加密时应保证相邻网格间的两倍边长关系。在加密时,4 个子网格的底高程必须重新计算,同时需要调整 4 个子网格的水位,以保证加密过程中水量守恒、动量守恒。

随着浅水波在计算域内推进,部分区域水位梯度减弱,θ 值降低,网格内水位值变幅较小,具备网格消去的条件。与网格加密过程作用于所有满足 $\theta > \theta_{\max}$ 条件的叶网格不同,网格消去过程遍历所有深度为 1 的网格,若同时满足以下两个条件,则合并网格:① 网格为湿网格且 θ 值小于给定消去阈值 $\theta_{\min}$,或者为干网格;② 网格周围不存在等级超过 $\mathrm{level}_i + 1$ 的网格。合并网格后守恒变量 $\boldsymbol{U}$ 的设置遵循水量守恒及动量守恒,水深分量及动量分量取各子网格中对应量的平均值,水位分量取水深分量加网格高程值。

3.4　模　型　验　证

3.4.1　过驼峰的波传播问题

本节为验证模型的和谐性及动边界处理的有效性,选取河底有三个驼峰的问题。计算域为 75 m×30 m,大坝位于 $x = 16$ m 处,忽略大坝厚度,糙率 $n = 0.018$ s/m$^{1/3}$,采用固壁边界条件。底高程为

$$\begin{aligned}
b(x, y) = \max[&0, 1 - 0.125\sqrt{(x-30)^2 + (y-6)^2}, \\
&1 - 0.125\sqrt{(x-30)^2 + (y-24)^2}, \\
&3 - 0.3\sqrt{(x-47.5)^2 + (y-15)^2}]
\end{aligned} \tag{3-71}$$

首先,计算域内初始水位为 1.875 m,流速为零。计算至 $t = 10000$ s 时,最大流速随时间的变化如图 3-4 所示。由计算结果可知,流速保持在 10^{-12} m/s 的数量

级,验证了本章提出的计算格式具有良好的和谐性质。

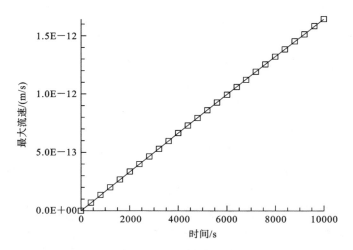

图 3-4 最大流速随时间的变化

其次,大坝上游初始水位为 1.875 m,下游为干底河床,模拟 $t=0$ 时刻大坝瞬时全溃后的洪水波传播。$t=6$ s、24 s 和 30 s 的计算结果如图 3-5 所示。

由图 3-5 可知,水流特征具有较好的对称性,水流运动符合物理规律,模型有效模拟了复杂的动边界,因而适合模拟洪水演进及其淹没过程。

3.4.2 具有收缩扩散段的水槽试验

本节选取 Bellos 等设计的水槽中部具有一个收缩扩散段的试验。水槽长 21.2 m,底坡为 0.002。水闸位于水槽中最窄断面处,该处水槽宽度为 0.6 m,底高程为 0.15 m,距离上游边界 8.5 m。收缩扩散段起点距离上游边界 5 m,终点距离下游边界 4.7 m。在收缩扩散段外的区域,水槽宽 1.4 m。$t=0$ 时刻闸门瞬间打开。模型初始条件为水闸上游水位 0.3 m,下游水深为 0 m。糙率 $n=0.012$。上游及水槽两侧为固壁边界,下游为开边界。该水槽的三角网格剖分平面示意图如图 3-6 所示,共 1584 个三角单元。选择水槽中心线上一系列点($x=-8.5$ m,-4.0 m,-0.0 m,$+0.0$ m,5.0 m,10.0 m)作为水深测点,测点位置如图 3-6 中实心黑圆点所示。

水深计算值与实测值对比如图 3-7 所示。由图 3-7 可知,水闸上游测点的计算值与实测值拟合良好;下游测点的拟合精度较差,但计算值随时间变化的趋势与实测值基本一致。由于下游由缓流变为急流,其中的垂线流速比较显著,而本章提出的模型没有考虑水流的垂线运动,因此下游测点的拟合精度较差。但总体而言,模

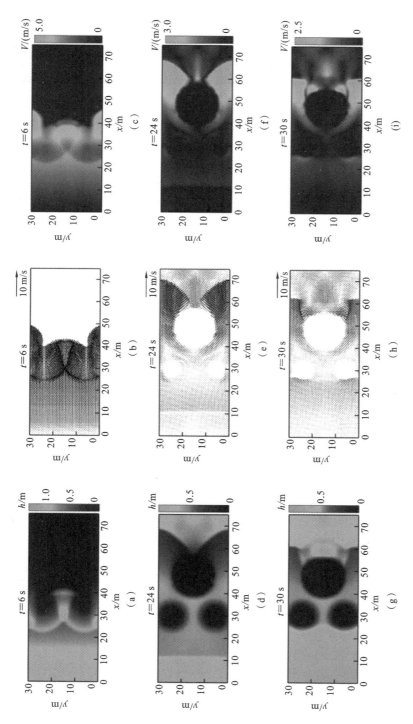

图 3-5　过驼峰的波传播算例水深和流场计算结果

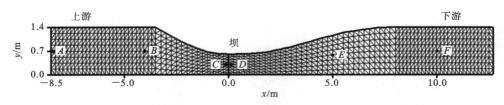

图 3-6　试验水槽的三角网格剖分平面示意图

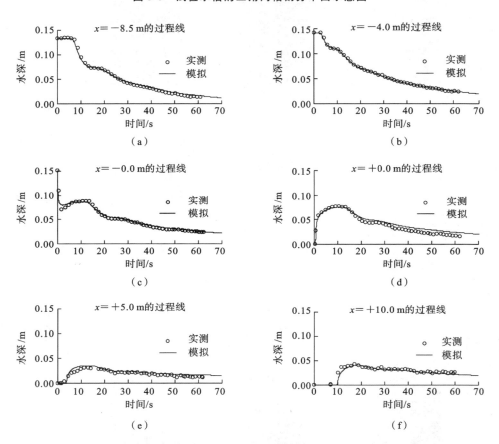

图 3-7　水槽算例各测点水深计算值与实测值对比

型计算精度可满足工程实际要求。

3.4.3　抛物型有阻力河床上的自由水面

Sampson 等给出了抛物型有阻力河床上浅水方程的解析解,该算例可用来检验模型的计算精度及处理源项和动边界的能力。

已知河床底高程为 $b(x,y)=h_0(x/a)^2$，其中 h_0 和 a 为常数。$p=\sqrt{8gh_0}/a$ 为峰值。当 $\tau<p$ 时，任意时刻水位 $z(x,t)$ 的解析表达式为

$$z(x,t)=\max\left\{b(x),h_0-\frac{\mathrm{e}^{-\tau t/2}}{g}\left[Bs\cos(st)+\frac{\tau B}{2}\sin(st)\right]x\right.$$

$$\left.+\frac{a^2B^2\mathrm{e}^{-\tau t}}{8g^2h_0}\left[-s\tau\sin(2st)+\left(\frac{\tau^2}{4}-s^2\right)\cos(2st)\right]-\frac{B^2\mathrm{e}^{-\tau t}}{4g}\right\} \quad (3-72)$$

式中：B 为常数；$s=\sqrt{p^2-\tau^2}/2$。取 $a=3000\text{ m}$，$h_0=10\text{ m}$，$B=5\text{ m/s}$，$\tau=0.001\text{ s}^{-1}$，计算域为 $[-5000\text{ m},5000\text{ m}]$，$\Delta x=100\text{ m}$，初始时刻流速为 0，水位为 $z(x,0)$。各时刻计算结果如图 3-8 所示。由图 3-8 可知，计算结果与准确解很接近，表明模型能准确地处理底坡项和摩擦源项，适应干、湿界面计算。

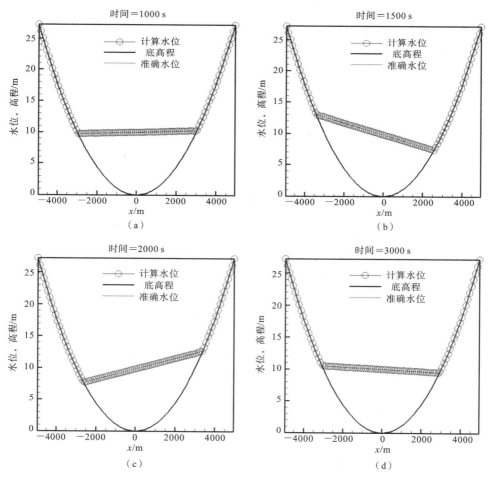

图 3-8　抛物型有阻力河床上的自由水面计算结果与准确解对比

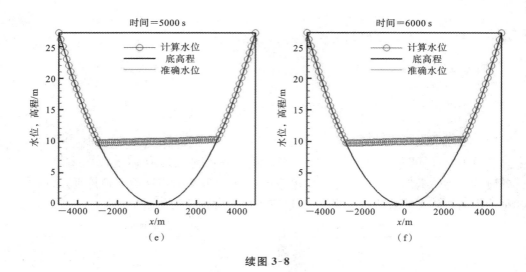

续图 3-8

3.5 实际地形洪水演进数值模拟

3.5.1 广东省佛山市禅城区某河道洪水计算

本节将提出的模型应用于广东省佛山市禅城区某河道的溃堤洪水演进计算。计算域内共布设了 34718 个节点和 68712 个三角形单元。结合 DOM 对地面覆盖类型进行分类,并以此为基础设定各网格的糙率值。为综合检验模型模拟干河底条件下河道洪水演进和溃堤洪水淹没过程的能力,假设计算域内所有网格的初始水深为 0。除河道入流边界外,所有边界均为开边界条件。河道入流边界为给定洪水流量过程,如图 3-9 所示。观测点 $A \sim E$ 的位置以及不同溃堤方案下,$t = 3000$ s 时洪水淹没范围如图 3-10 所示,其中 A、B 处可能发生溃堤。各观测点淹没水深过程如图 3-11 所示。C、D、E 观测点的洪水到达时刻如表 3-1 所示。

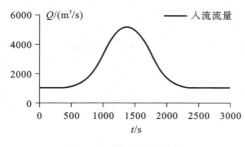

图 3-9 洪水流量过程

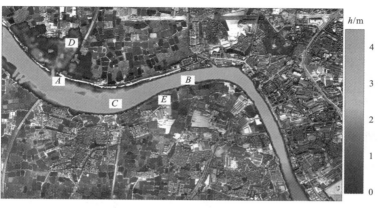

（a）A 处发生溃堤时的淹没范围

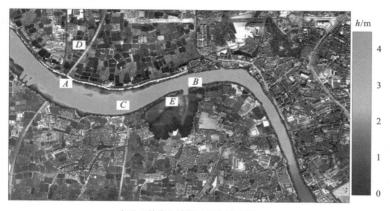

（b）B 处发生溃堤时的淹没范围

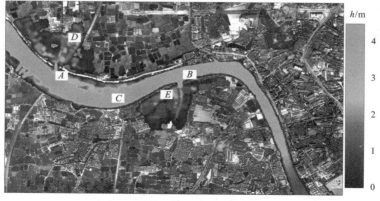

（c）A、B 处同时发生溃堤时的淹没范围

图 3-10　不同溃堤方案下，$t=3000$ s 时洪水淹没范围

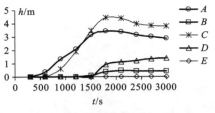

（a）A处发生溃堤时各观测点水深过程

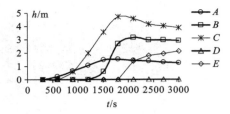

（b）B处发生溃堤时各观测点水深过程

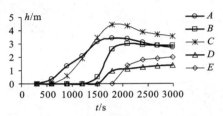

（c）A、B处同时发生溃堤时各观测点水深过程

图 3-11　不同溃堤方案下，A～E 观测点淹没水深过程

表 3-1　C、D、E 观测点的洪水到达时刻

观测点	洪水到达时刻/s		
	A 处发生溃堤	B 处发生溃堤	A、B 处同时发生溃堤
C	824.68	823.00	824.68
D	1538.55	—	1533.19
E	—	1819.88	1834.64

　　由图 3-10 可知，A 处和 B 处只有一处溃堤时当地的淹没面积均大于 A、B 处同时溃堤时，但 A、B 处同时溃堤时的总淹没面积最大。同时，由表 3-1 可知，A 处溃堤使 C 处洪水达到时间增大，而 B 处是否溃堤对 C 处的洪水到达时间无影响；B 处发生溃堤时，A 处溃堤使得 E 处洪水到达时间增大。

3.5.2　湖北省漳河水库的洪水计算

　　本节将提出的模型应用于湖北省大型水库——漳河水库的洪水演进模拟。主坝长 630 m，最大坝高 66.5 m。计算范围包括坝下沿河道约 43 km 的河道两侧，计算域面积 103.6 km²，计算域内共布设了 73732 个网格和 37296 个节点，并在河道附近进行了网格加密，最小单元面积为 170 m²。节点底高程由分辨率为 25 m 的正方形格网 DEM 通过双线性插值得到。计算域地形等高图和测点位置及溃口流量过程分别如图 3-12 和图 3-13 所示。糙率取 $0.03 \, \text{s/m}^{1/3}$。初始时刻,所有网格的水深和流速为 0。计算至 4.25 h 结束。图 3-14 为观测点 $A \sim G$ 水深和流速变化过程。图 3-15 为不同时刻的洪水淹没水深图。

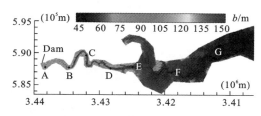

图 3-12　计算域地形等高图和测点位置

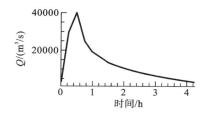

图 3-13　溃口流量过程

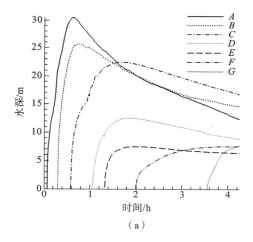

（a）

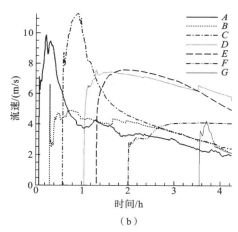

（b）

图 3-14　观测点 $A \sim G$ 水深和流速变化过程

模型计算过程中,在干、湿界面可能出现水深计算值小于 0 的单元,此时,将该单元的水深和流速置 0,因而导致水量增加。在本算例的整个计算过程中,由于负水深引起的累积水量增量仅为 $0.007 \, \text{m}^3$,表明模型有效处理了干湿界面,质量误差极小,且避免了为保证无质量误差而进行的通量限制等数学处理方法。由图 3-14 可知,波到达观测点后的最初几分钟内,该点水位急剧上涨,之后水位涨率减缓,至水位达到最高点后,水位逐渐下降。之后各观测点的水深、流速过程线总趋势是靠近坝址处波峰陡峭,沿流程逐渐坦化。图 3-15 直观反映了洪水演进过程及淹没范围和水深,其中,观测点 A 和 C 之间的河道及其两侧涨水和退水过程明显;由于观测点 E 下游地势平坦,观测点 E 和 F 之间洪水漫过河道向两侧扩散显著,减小了洪水沿河道向下游传播的强度和速度。计算结果表明,研究工作提出

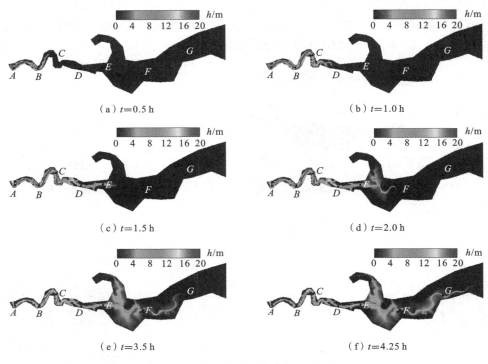

（a）$t=0.5\ \mathrm{h}$ （b）$t=1.0\ \mathrm{h}$

（c）$t=1.5\ \mathrm{h}$ （d）$t=2.0\ \mathrm{h}$

（e）$t=3.5\ \mathrm{h}$ （f）$t=4.25\ \mathrm{h}$

图 3-15　不同时刻的洪水淹没水深图

的模型能有效反映洪水到达前后水深、流速的急剧变化过程,合理模拟了下游洪水演进和淹没过程,且计算稳定、高效。

3.5.3　荆江分洪区的洪水演进计算

本节将提出的模型应用于荆江分洪区的洪水演进过程模拟。荆江分洪区位于荆江南岸的公安县境内,东滨荆江,西临虎渡河,南抵黄山头。东西宽 13.55 km,南北长 68 km,面积 921.34 km²,地面高程 32.8～41.5 m,蓄洪水位 42.00 m,设计蓄洪容积 54 亿立方米。工程建于 1952 年,是新中国成立后兴建的第一个大型水利工程。主体工程包括进洪闸(北闸),节制闸(南闸)和 208.38 km 围堤。分洪区建有安全区 21 个,面积 19.58 km²,安全区围堤长 52.78 km。分洪区围堤全长 208.39 km(其中:南线大堤 22 km,荆右干堤 95.80 km,虎东干堤 90.59 km)。南线大堤属于分洪区南端,从藕池至南闸,全长 22 km。南线大堤闸站 3 处;荆右干堤从藕池分别至黄水套、白家湾、陈家台、太平口,涵闸 4 处;虎东干堤从太平口至黄山头,涵闸 6 处。

　　将计算域进行非结构三角网格剖分,共布置了 157955 个网格和 79776 个节点,最小网格面积约 1000 m²。节点底高程由分辨率为 9 m 的正方形格网 DEM 通过双线性插值得到。采用 1954 年实测分洪流量过程为北闸处的入流条件,同时假设南闸不进行泄洪。按照不同的土地利用类型,分区给定了网格的曼宁系数,对分洪区内所有湖泊处的 DEM 进行了相应的处理。图 3-16 为不同时刻的荆江分洪洪水淹没水深图,其中,输出时间间隔为 12 h,图的正上方为北面。

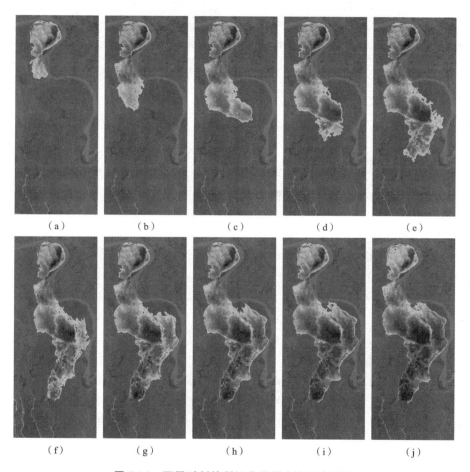

| (a) | (b) | (c) | (d) | (e) |
| (f) | (g) | (h) | (i) | (j) |

图 3-16　不同时刻的荆江分洪洪水淹没水深图

第4章

洪水灾害风险分析理论与方法

      洪水灾害是自然界的洪水作用于人类社会的产物,具有自然和社会双重属性。洪水灾害的形成和发展过程非常复杂,是由众多自然因素和社会因素共同作用的结果:①致灾因子,即洪水的诱发因素,包括暴雨、溃坝洪水、城市洪水、水库洪水、海啸等;②孕灾环境,即洪水灾害所处的环境,包括大气环境、水文环境、地形环境等;③承灾体,即洪水影响范围内的社会经济人口;④灾情,即致灾因素在一定的孕灾环境下,作用于承灾体形成的结果,包括人员伤亡、直接和间接经济损失、房屋倒塌、生态环境破坏等。基于系统论的观点,致灾因子、孕灾环境、承灾体和灾情之间相互响应、影响、耦合,形成了具有高度复杂、非线性的开放、动态洪灾大系统(见图 4-1),且系统组成层次复杂、子系统之间关联复杂、影响因素复杂。

      针对洪灾风险复杂系统中面临的不确定性、多级性和不完备性,采用理论研究、建模仿真、工程验证与应用示范相结合的技术路线,采用宏观控制与微观典型分析相结合的技术手段,以复杂系统动力学、模糊数学、地理学和灾害学为指导,以野外调查、系统辨识、建模仿真、空间分析和系统集成为技术手段,始终围绕多门学科综合应用与多种理论方法交叉融合的研究思想,发展洪灾风险综合分析和智能评价的新理论和新方法,在洪灾危险性分析、洪灾易损性分析、洪灾风险综合评价、洪灾灾情分析方面取得理论和方法上的突破,探索概念清晰、简单易行、实用可靠的风险分析新思路、新方法、新技术,试图对洪水危险性识别、洪灾易损性动态诊断、风险评价指标体系及其评价标准构建、风险综合评价权重计算、风险综合评价模型建立等方面进行理论与方法的

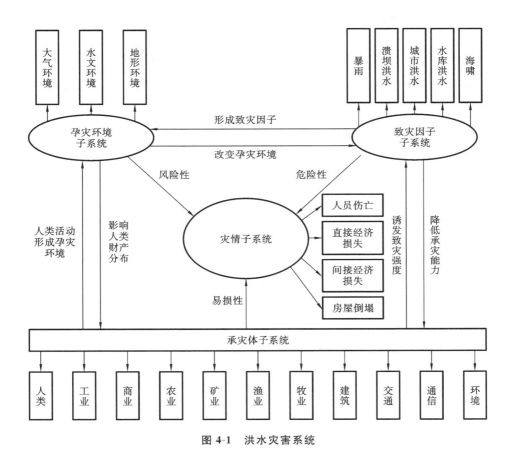

图 4-1　洪水灾害系统

耦合、创新,理论与实践相结合并应用到实际工程应用中,从而推动自然灾害风险分析研究的发展。

4.1　复杂条件下洪水危险性识别

洪灾危险性分析的首要问题是洪水危险性识别,即根据洪水强度进行洪水分类比较,其主要原理是根据洪水本质特征及客观规律,分析洪水成因、时程分配、空间分布、峰量关系等共同点和差异点,探寻不同场次洪水的发生、发展规律及可能产生的灾害后果,采用一定的分类标准和方法将洪水分为特大洪水、大洪水、中等洪水和小洪水等不同等级,因此,建立统一的洪水分类指标及其先进的分类方法显得尤为重要,可为洪灾风险管理提供科学的决策依据,是洪灾风险综合评价的基础。

针对洪水分类指标时空分布不均匀、交叉严重且综合权重不易计算等问题,采用灵敏度系数将主、客观权重综合为组合权重,提出了一种基于组合权重的模糊聚类迭代模型,同时,对基本的差分进化(Differential Evolution,DE)算法进行改进,提出了性能更优的自适应混沌差分进化(Adatptive Chaotic Differential Evolution,ACDE)算法,在此基础上,将模糊聚类中心和灵敏度系数与 ACDE 算法相结合进行全局最优搜索,避免了对初始聚类中心敏感的问题,得到了加权广义权距离平方和最小的最优模糊聚类中心与最优灵敏度系数。本节建立的评价模型计算简便、可行,结果合理、可靠、稳健,既能有效处理洪水分类指标的不确定性和模糊性,又综合考虑了评价指标的主、客观权重,在无评价标准的排序、评价和决策问题中具有良好的推广应用价值。

4.1.1 组合权重模糊聚类迭代模型

1. 模糊聚类迭代模型建模过程

模糊聚类迭代模型的建模过程如下。假设洪水样本共有 n 个,组成集合 X 为

$$X = \{x_1, x_2, \cdots, x_n\} \tag{4-1}$$

假设任意一个洪水样本 x_i 具有 m 个指标,其特征值向量为

$$\boldsymbol{x}_i = (x_{i1}, x_{i2}, \cdots, x_{im}) \tag{4-2}$$

则给定洪水样本集为 $n \times m$ 指标特征矩阵 $\boldsymbol{X}$ 为

$$\boldsymbol{X} = (x_{ij})_{n \times m} = \begin{bmatrix} x_{11} & x_{12} & \cdots & x_{1m} \\ x_{21} & x_{22} & \cdots & x_{2m} \\ \vdots & \vdots & & \vdots \\ x_{n1} & x_{n2} & \cdots & x_{nm} \end{bmatrix} \tag{4-3}$$

式中:x_{ij} 表示第 i 个洪水样本的 j 指标的特征值,$i = 1, 2, \cdots, n, j = 1, 2, \cdots, m, n, m$ 分别为样本数目和指标数目。为了消除物理量量纲的影响,首先对矩阵 $\boldsymbol{X}$ 中各特征值 x_{ij} 进行归一化处理:

$$r_{ij} = (x_{ij} - x_{\min}(j))/(x_{\max}(j) - x_{\min}(j)) \tag{4-4}$$

式中:r_{ij} 为第 i 个洪水样本的 j 指标的归一化值;$x_{\max}(j)$ 和 $x_{\min}(j)$ 分别为第 j 个指标的最大值和最小值。所有特征值归一化完毕后,计算得到归一化矩阵 $\boldsymbol{R}$:

$$\boldsymbol{R} = (r_{ij})_{n \times m} = \begin{bmatrix} r_{11} & r_{12} & \cdots & r_{n1} \\ r_{21} & r_{22} & \cdots & r_{n2} \\ \vdots & \vdots & & \vdots \\ r_{n1} & r_{n2} & \cdots & r_{nm} \end{bmatrix} \tag{4-5}$$

对于 n 个洪水样本,每个样本有 m 个指标,按照 c 个类别(等级)模式进行聚类分析,得到模糊聚类相对隶属度矩阵:

$$\boldsymbol{U} = (u_{hi})_{c \times n} = \begin{bmatrix} u_{11} & u_{12} & \cdots & u_{1n} \\ u_{21} & u_{22} & \cdots & u_{2n} \\ \vdots & \vdots & & \vdots \\ u_{c1} & u_{c2} & \cdots & u_{cn} \end{bmatrix}, \quad \sum_{h=1}^{c} u_{hi} = 1, \quad 0 \leqslant u_{hi} \leqslant 1, \quad \sum_{i=1}^{n} u_{hi} > 1$$

$$(4\text{-}6)$$

式中: u_{hi} 为洪水样本 i 归属于类别 h 的相对隶属度, $i=1,2,\cdots,n$, $h=1,2,\cdots,c$, n、c 分别为样本数目和分类数目。设 c 个类别的模糊聚类中心矩阵为 $\boldsymbol{S}$:

$$\boldsymbol{S} = (s_{jh})_{m \times c} = \begin{bmatrix} s_{11} & s_{12} & \cdots & s_{1c} \\ s_{21} & s_{22} & \cdots & s_{2c} \\ \vdots & \vdots & & \vdots \\ s_{m1} & s_{m2} & \cdots & s_{mc} \end{bmatrix}, \quad 0 \leqslant s_{jh} \leqslant 1 \qquad (4\text{-}7)$$

式中: s_{jh} 为第 j 个指标对第 h 个类别的相对隶属度。这里,用广义欧式距离表示第 i 个洪水样本与类别 h 之间的差异:

$$\| \boldsymbol{r}_i - \boldsymbol{s}_h \| = \Big[\sum_{j=1}^{m} (r_{ij} - s_{jh})^2 \Big]^{\frac{1}{2}} \| \boldsymbol{r}_i - \boldsymbol{s}_h \| = \Big[\sum_{j=1}^{m} (r_{ij} - s_{jh})^2 \Big]^{\frac{1}{2}} \quad (4\text{-}8)$$

式中: $\boldsymbol{r}_i = (r_{i1}, r_{i2}, \cdots, r_{im})^{\mathrm{T}}$ 为第 i 个洪水样本的 m 个指标特征值向量; $\boldsymbol{s}_h = (s_{1h}, s_{2h}, \cdots, s_{mh})^{\mathrm{T}}$ 为第 h 类别的聚类中心向量。各评价指标在聚类中的重要程度不一样,考虑指标权重时,式(4-8)扩展为

$$d(\boldsymbol{r}_i - \boldsymbol{s}_h) = \| \omega_j \cdot (\boldsymbol{r}_i - \boldsymbol{s}_h) \| = \Big[\sum_{j=1}^{m} [\omega_j \cdot (r_{ij} - s_{jh})]^2 \Big]^{\frac{1}{2}} \qquad (4\text{-}9)$$

式中: ω_j 为第 j 个评价指标的权重,且 $\boldsymbol{\omega} = (\omega_1, \omega_2, \cdots, \omega_m)^{\mathrm{T}}$, $\sum_{j=1}^{m} \omega_j = 1$。在式(4-9)的基础上定义加权广义欧式权距离 $D(\boldsymbol{r}_i - \boldsymbol{s}_h)$:

$$D(\boldsymbol{r}_i - \boldsymbol{s}_h) = u_{hi} \cdot d(\boldsymbol{r}_i - \boldsymbol{s}_h) = u_{hi} \cdot \| \omega_j \cdot (\boldsymbol{r}_i - \boldsymbol{s}_h) \|$$

$$= u_{hi} \cdot \Big[\sum_{j=1}^{m} [\omega_j \cdot (r_{ij} - s_{jh})]^2 \Big]^{\frac{1}{2}} \qquad (4\text{-}10)$$

建立目标函数式(4-11)来求解最优的模糊聚类矩阵、模糊聚类中心矩阵和权重向量,使全体样本对全体类别的加权广义欧式权距离平方和最小:

$$\min \Big\{ F(\omega_j, u_{hi}, s_{jh}) = \sum_{i=1}^{n} \sum_{h=1}^{c} [u_{hi} \| \omega_j (r_{ij} - s_{jh}) \|]^2 \Big\}$$

$$(4\text{-}11)$$

$$\mathrm{s.t.} \sum_{h=1}^{c} u_{hi} = 1, \quad 0 \leqslant u_{hi} \leqslant 1$$

根据拉格朗日函数法,构造拉格朗日函数,求解可得模糊聚类迭代模型:

$$\omega_j = \left[\sum_{j=1}^{m} \frac{\displaystyle\sum_{i=1}^{n}\sum_{h=1}^{c} u_{hi}^2 \left[(r_{ij} - s_{jh})\right]^2}{\displaystyle\sum_{i=1}^{n}\sum_{h=1}^{c} u_{hi}^2 \left[(r_{ij} - s_{jh})\right]^2} \right]^{-1} \qquad (4\text{-}12)$$

$$u_{hi} = \left[\sum_{k=1}^{c} \frac{\displaystyle\sum_{j=1}^{m} \left[\omega_j (r_{ij} - s_{jh})\right]^2}{\displaystyle\sum_{j=1}^{m} \left[\omega_j (r_{ij} - s_{jk})\right]^2} \right]^{-1} \qquad (4\text{-}13)$$

$$s_{jh} = \frac{\displaystyle\sum_{i=1}^{n} u_{hi}^2 \omega_j^2 r_{ij}}{\displaystyle\sum_{i=1}^{n} u_{hi}^2 \omega_j^2} \qquad (4\text{-}14)$$

式(4-12)～式(4-14)为模糊聚类循环迭代公式,通过迭代求解可得最优权重向量 $\boldsymbol{\omega} = (\omega_1, \omega_2, \cdots, \omega_m)^{\mathrm{T}}$、最优模糊聚类隶属度矩阵 $\boldsymbol{U} = (u_{hi})_{c \times n}$ 和最优模糊聚类中心矩阵 $\boldsymbol{S} = (s_{jh})_{m \times c}$。

2. 组合权重模糊聚类迭代模型

求解模糊聚类迭代模型的一般步骤是对模糊聚类迭代模型进行梯度下降搜索,得到最优的权重向量、模糊聚类隶属度矩阵和聚类中心矩阵。但此时的权重向量仅根据样本数据本身计算求得,尽管权重值分布[0,1]满足其总和为1,但不能合理地反映决策专家的主观认知和信任程度,为数据计算下的"数学权重",故仍需要对该权重向量进行一致性检验和二元比较模糊决策分析主观调整,数学过程更加复杂。因此,结合二元比较一致性对比准则,在模糊聚类迭代模型中引入灵敏度系数,其主要目的是在一定程度上统一主观意识与计算实际,将数学权重和主观权重进行有机加权融合,然后再次根据迭代公式计算模糊聚类隶属度矩阵,为实际工程问题进行决策支持。

但权重灵敏度系数的确定仍然缺少理论支持,有一定的人为主观性。同时针对目标函数式(4-11),采用式(4-12)～式(4-14)进行迭代计算的本质是一种局部梯度下降的搜索技术,对初始聚类中心极其敏感,用常规的数值解法最终可能收敛于局部极小点,从而得不到最优聚类结果。

为此,本节试图将灵敏度系数的计算涉及循环迭代过程,提出了组合权重模糊聚类迭代模型,并在循环迭代过程中运用自适应混沌差分进化算法,增加全局最优解搜索的可能性,避免对初始聚类中心敏感,从而提高循环迭代方法的计算效率和寻优性能。

3. 组合权重计算方法

在现有洪水分类研究中,确定评价指标权重的常用方法有根据专家意见的德尔菲方法、熵权法和投影寻踪方法等,可分为主观权重法和客观权重法。其中,主观权重法是指决策专家结合自身的主观认识和经验,分析指标在评价中的物理意义并给出评价指标的相对重要程度,该方法具有较大的主观随意性;客观权重法是利用样本差异信息计算指标权重,具有较强的数学理论依据,可避免决策结果的主观随意性,但有时却无法阐明指标在评价中的物理意义,也可能会因数据本身的信息量造成偏差。因此,主、客观权重方法有各自的优劣性,将两个方法进行决策结果有机融合,能避免单一方法的缺陷和片面性。

因此,为了全面反映专家的经验判断知识以及评价指标的重要程度,同时减少评价过程的主观随意性,将主观权重与客观权重进行有机融合来确定更为合理的组合权重,从而提高信息的利用率和结果的可靠性,使评价结果更切实际。一般而言,融合各种赋权方法结果为组合权重的方式主要有加法合成法、乘法合成法和最小相对信息熵法等。假设主、客观权重分别为 $\boldsymbol{\omega}_S=(\omega_{S1},\omega_{S2},\cdots,\omega_{Sm})$ 和 $\boldsymbol{\omega}_O=(\omega_{O1},\omega_{O2},\cdots,\omega_{Om})$,$j=1,2,\cdots,m$,$m$ 为评价指标数目,以上三种方法的主要计算过程分别如下。

1)加法合成法

根据加法合成法,考虑主、客观因素的组合权重为 $\boldsymbol{\omega}=(\omega_1,\omega_2,\cdots,\omega_m)$,即

$$\omega_j = \alpha \cdot \omega_{Sj} + \beta \cdot \omega_{Oj}, \quad j=1,2,\cdots,m \tag{4-15}$$

式中:α 和 β 分别为评价指标主、客观权重的偏好系数,且 $0 \leqslant \alpha \leqslant 1$,$0 \leqslant \beta \leqslant 1$,$\alpha + \beta = 1$。显然,组合权重随着 α 和 β 的变化而变化,具有一定的主观随意性,一般取为 $\alpha = \beta = 0.5$。

2)乘法合成法

根据乘法合成法,考虑主、客观因素的组合权重为 $\boldsymbol{\omega}=(\omega_1,\omega_2,\cdots,\omega_m)$,即

$$\omega_j = \omega_{Sj} \times \omega_{Oj} \Big/ \sum_{j=1}^{m} \omega_{Sj} \times \omega_{Oj} \tag{4-16}$$

3)最小相对信息熵法

组合权重记为 $\boldsymbol{\omega}=(\omega_1,\omega_2,\cdots,\omega_m)$。依据最小相对信息熵原理,要使 ω_j 与 ω_{Sj}、ω_{Oj} 都尽可能地接近,构造如下目标函数:

$$\min F = \sum_{j=1}^{m} \omega_j \cdot \ln(\omega_j/\omega_{Sj}) + \sum_{j=1}^{m} \omega_j \cdot \ln(\omega_j/\omega_{Oj}) \tag{4-17}$$

$$\text{s.t.} \sum_{j=1}^{m} \omega_j = 1, \quad \omega_j > 0$$

根据拉格朗日函数法有

$$\omega_j = (\omega_{Sj} \cdot \omega_{Oj})^{0.5} \Big/ \Big(\sum_{j=1}^{m} (\omega_{Sj} \cdot \omega_{Oj})^{0.5} \Big), \quad j = 1,2,\cdots,m \qquad (4\text{-}18)$$

4. 组合权重模糊聚类迭代模型求解

采用加法合成法,即结合灵敏度系数进行主、客观权重融合。考虑主、客观因素的组合权重为 $\boldsymbol{\omega} = (\omega_1, \omega_2, \cdots, \omega_m)$,即

$$\omega_j = \beta \cdot \omega_{Sj} + (1-\beta) \cdot \omega_{Oj}, \quad j=1,2,\cdots,m \qquad (4\text{-}19)$$

式中:主、客观权重分别为 $\boldsymbol{\omega}_S = (\omega_{S1}, \omega_{S2}, \cdots, \omega_{Sm})$ 和 $\boldsymbol{\omega}_O = (\omega_{O1}, \omega_{O2}, \cdots, \omega_{Om})$;$\beta$ 为主、客观权重的灵敏度系数,且 $\beta \in [0,1]$。这时,式(4-11)中目标函数相应地变为

$$\min\Big\{ F(\beta, \omega_{Sj}, \omega_{Oj}, u_{hi}, s_{jh}) = \sum_{i=1}^{n} \sum_{h=1}^{c} [u_{hi} \| (\beta \cdot \omega_{Sj} + (1-\beta) \cdot \omega_{Oj}) \cdot (r_{ij} - s_{jh}) \|]^2 \Big\}$$

$$\text{s. t.} \sum_{h=1}^{c} u_{hi} = 1, \quad 0 \leqslant u_{hi} \leqslant 1 \qquad (4\text{-}20)$$

根据拉格朗日函数法,构造拉格朗日函数:

$$L(\boldsymbol{U}, \boldsymbol{S}, \lambda, \beta) = \sum_{i=1}^{n} \sum_{h=1}^{c} [u_{hi} \| (\beta \cdot \omega_{Sj} + (1-\beta) \cdot \omega_{Oj}) \cdot (r_{ij} - s_{jh}) \|]^2$$

$$- \lambda \Big(\sum_{h=1}^{c} u_{hi} - 1 \Big) \qquad (4\text{-}21)$$

令 $\dfrac{\partial L}{\partial u_{hi}} = 0, \dfrac{\partial L}{\partial s_{jh}} = 0, \dfrac{\partial L}{\partial \beta} = 0, \dfrac{\partial L}{\partial \lambda} = 0$,通过理论推导,得到新的模糊聚类迭代模型:

$$u_{hi} = \left[\sum_{k=1}^{c} \frac{\sum\limits_{j=1}^{m} [(\beta \cdot \omega_{Sj} + (1-\beta) \cdot \omega_{Oj}) \cdot (r_{ij} - s_{jh})]^2}{\sum\limits_{j=1}^{m} [(\beta \cdot \omega_{Sj} + (1-\beta) \cdot \omega_{Oj}) \cdot (r_{ij} - s_{jk})]^2} \right]^{-1} \qquad (4\text{-}22)$$

$$s_{jh} = \frac{\sum\limits_{i=1}^{n} u_{hi}^2 \cdot (\beta \cdot \omega_{Sj} + (1-\beta) \cdot \omega_{Oj})^2 \cdot r_{ij}}{\sum\limits_{i=1}^{n} u_{hi}^2 (\beta \cdot \omega_{Sj} + (1-\beta) \cdot \omega_{Oj})^2} \qquad (4\text{-}23)$$

$$\beta = \frac{\sum\limits_{i=1}^{n} \sum\limits_{h=1}^{c} \sum\limits_{j=1}^{m} u_{hi}^2 \cdot (r_{ij} - s_{jh})^2 \cdot \omega_{Oj}(\omega_{Sj} - \omega_{Oj})}{\sum\limits_{i=1}^{n} \sum\limits_{h=1}^{c} \sum\limits_{j=1}^{m} u_{hi}^2 \cdot (r_{ij} - s_{jh})^2 \cdot (\omega_{Sj} - \omega_{Oj})^2} \qquad (4\text{-}24)$$

本章首先得到主、客观权重,将权重灵敏度系数和模糊聚类中心矩阵(s_{jh})编码到差分进化算法的种群个体中,并计算模糊聚类矩阵(u_{hi}),通过变异、交叉、选择操作在解空间里寻优得到最优解,具体求解的流程如下。

(1)计算主、客观权重分别为(ω_{Sj})和(ω_{Oj}),初始化生成模糊聚类中心矩阵(s_{jh}^0)和灵敏度系数 β,设置目标函数值初始值 F^0 为无穷大数,计算精度为 ε。

（2）令迭代次数 $g=0$，运用优化算法（本章选用 ACDE 算法）搜索最优的(s_{jh})和 β。

（3）将 β^g 代入式（4-19）得到组合权重(ω_j^g)。

（4）将(s_{jh}^g)和 β^g 代入式（4-22），求出对应的模糊隶属度矩阵(u_{hi}^g)。

（5）将(u_{hi}^g)，β^g 和(s_{jh}^g)代入式（4-21），求出目标函数值 F^g。

（6）比较 F^g 和 F^{g-1}，如果$|F^g-F^{g-1}|>\varepsilon$，则令 $g=g+1$，返回到第（2）步继续寻优；否则当$|F^g-F^{g-1}|\leqslant\varepsilon$ 或 $g>G_{\max}$时，结束计算，输出最优计算结果。

最终求得的模糊聚类中心矩阵(s_{jh})、灵敏度系数 β 和模糊聚类矩阵(u_{hi})为实现洪水分类的最优结果。组合权重模糊聚类迭代模型流程如图 4-2 所示。

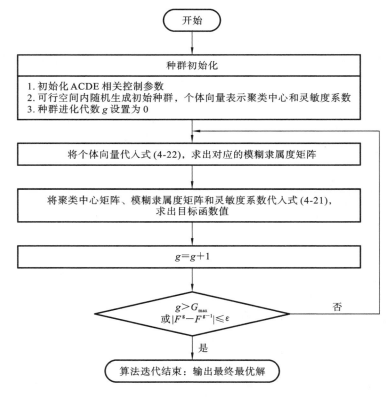

图 4-2　组合权重模糊聚类迭代模型流程

为避免应用最大隶属度原则进行洪水分类时可能造成的失真，应用级别特征值 H_i 计算以识别洪水样本 x_i 的类别：

$$H_i = \sum_{h=1}^{c} u_{hi} \cdot h \qquad (4-25)$$

根据级别特征值 H_i 对样本进行分类识别,具体方法为:如果 $c-0.5 \leqslant H_i \leqslant c-0.5$,则 $H_i=c$;将样本 x_i 归为 c 类。

4.1.2　自适应混沌差分进化算法

1. 基本差分进化算法

差分进化(Differential Evolution,DE)算法是 1995 年 Storm 和 Price 提出的一种基于群体差异的启发式高效随机搜索全局并行优化算法,易于研究者理解和编程实现,能够保证记忆个体最优解搜索过程和种群内信息共享,具有原理简单、受控参数少、计算速度快、寻优能力强、鲁棒性好等优良特性。正是由于 DE 的上述优点,DE 受到了国内外学者的广泛关注,已成为进化算法研究的一个重要分支,推动了进化算法理论研究与工程应用的发展。

DE 算法与遗传算法、粒子群优化算法、混沌优化算法、混合蛙跳算法等进化算法一样,通过种群间的合作竞争关系对可行解空间域进行全局操作从而优化求解。但 DE 的新种群生成方案与其他进化算法不同,其本质是一种基于实数编码的具有保优思想的贪婪遗传算法,包含变异、交叉和选择三个主要操作,其主要思想是随机选择父代个体,通过父代个体间的叠加差分矢量进行变异操作,生成变异个体;然后按照一定的概率,对父代个体与变异个体进行交叉操作,生成试验个体;最后采用贪婪策略,在父代个体和试验个体之间选择适应度更好的个体作为子代个体,进入下一代种群中。设在优化迭代过程中采用 NP 个 D 维向量 $x_i^g=(x_{i,1}^g,x_{i,2}^g,\cdots,x_{i,D}^g)$,$i=1,2,\cdots,NP$ 作为每一代 $g=0,1,2,\cdots,G_{\max}$ 的种群,算法总的迭代次数设为 $G_{\max}$,群体内所有个体均是一个候选解,DE 算法的主要流程如下。

1)种群初始化

令初始进化代数为 $g=0$,设 $x_{\max,j}$ 和 $x_{\min,j}$ 为解空间中第 j 维的上界和下界,rand()函数产生[0,1]的随机数,用下式生成初始种群:

$$x_{i,j}^0=x_{\min,j}+\text{rand}(j) \cdot (x_{\max,j}-x_{\min,j}), \quad j=1,2,\cdots,D \tag{4-26}$$

2)变异操作

DE 算法区别于其他进化算法主要体现在生成新个体的变异操作方面。对第 g 代种群的个体 x_i^g $(i=1,2,\cdots,N_P)$,随机选取 3 个互不相同的个体 $x_{r_1}^g$,$x_{r_2}^g$,$x_{r_3}^g$($r_1,r_2,r_3 \in [1,N_P]$,且 $r_1,r_2,r_3 \neq i$)。按下式进行差分变异操作,生成变异个体 v_i^{g+1}:

$$v_i^{g+1}=x_{r_3}^g+F \cdot (x_{r_1}^g-x_{r_2}^g) \tag{4-27}$$

式中:F 为变异因子且取值为[0,2],用来控制差分矢量($x_{r_1}^g-x_{r_2}^g$)对个体 $x_{r_3}^g$ 的

影响。

3) 交叉操作

DE 由下式的方式对父代个体 x_i^g 和变异个体 v_i^{g+1} 进行交叉操作来提高种群的多样性,生成试验个体 u_i^{g+1},且保证至少有一位变量取自 v_i^{g+1}:

$$u_{i,j}^{g+1}=\begin{cases}v_{i,j}^{g+1}, & \text{rand}()\leqslant\text{CR} \quad \text{或} \quad j=\text{rand}(1,n)\\ x_{i,j}^g, & \text{rand}()>\text{CR}, \quad j\neq\text{rand}(1,n)\end{cases} \tag{4-28}$$

式中:rand$(1,n)$产生$[1,n]$间的随机整数,其作用是确保 $v_{i,j}^{g+1}$ 至少为 $u_{i,j}^{g+1}$ 提供一个决策变量,维持种群的多样性分布;CR 为交叉因子,取值范围为 0~1,决定了变异个体 $v_{i,j}^{g+1}$ 代替目标个体 $x_{i,j}^g$ 的概率。当 CR 值较大时,可加速收敛速率;当 CR 值较小时,有利于保持种群的多样性。

4) 选择操作

DE 的选择操作采用"贪婪"策略,从 x_i^g 和 u_i^{g+1} 之间选择适应度较优的个体作为下一代种群,选择操作的具体方程如下所示:

$$x_i^{g+1}=\begin{cases}u_i^{g+1}, & u_i^{g+1}\text{优于 } x_i^g\\ u_i^g, & \text{其他}\end{cases} \tag{4-29}$$

2. 自适应混沌差分进化(ACDE)算法

1) 变异策略改进

式(4-27)是 DE 变异操作的一种基本形式,DE 算法还有其他多种变异策略,其通用模式为:DE/x/y/z。这里 x 代表基矢量的选取方法,分为从当前种群中随机选取一个个体(rand)和从当前种群中选取最优个体(best)两种;y 代表差分矢量的数量,一般取值为 1 或 2;z 代表交叉操作方法,分为二项式交叉(bin)和指数交叉(exp)。常见的变异方式还有以下几种形式。

(1) DE/best/1/bin:

$$v_i^{g+1}=x_{\text{best}}^g+F\cdot(x_{r_1}^g-x_{r_2}^g) \tag{4-30}$$

(2) DE/rand/2/bin:

$$v_i^{g+1}=x_{r_1}^g+F\cdot[(x_{r_2}^g-x_{r_3}^g)+(x_{r_4}^g-x_{r_5}^g)] \tag{4-31}$$

(3) DE/best/2/bin:

$$v_i^{g+1}=x_{\text{best}}^g+F\cdot[(x_{r_1}^g-x_{r_2}^g)+(x_{r_3}^g-x_{r_4}^g)] \tag{4-32}$$

(4) DE/rand-to-best/2/bin:

$$v_i^{g+1}=x_{r_1}^g+F\cdot[(x_{\text{best}}^g-x_{r_1}^g)+(x_{r_2}^g-x_{r_3}^g)] \tag{4-33}$$

式中:x_{best}^g 为第 g 代中当前最优个体。对于 DE/best/1/bin 策略,变异个体受到最优个体的引导,因而局部搜索能力强、精度高、收敛速度快,但存在容易陷入局部最优等缺点。为结合 DE/rand/2/bin 和 DE/best/1/bin 两种不同变异策略的优点,提高 DE 算法全局收敛能力和收敛速度,本文采用如下方式产生变异矢量:

$$v_i^{g+1}=\lambda \cdot x_{r_3}^g+(1-\lambda)x_{\text{best}}^g+F \cdot (x_{r_1}^g-x_{r_2}^g) \tag{4-34}$$

式中:$x_{r_1}^g$、$x_{r_2}^g$、$x_{r_3}^g$ 为第 g 代中 3 个互不相同的随机个体;x_{best}^g 为当前种群中最优个体;λ 为退火因子且 $\lambda \in [0,1]$,在搜索过程中由 1 逐渐变化为 0,其具体计算公式为

$$\lambda=1-g/G_{\max} \tag{4-35}$$

式中:$G_{\max}$ 为最大进化代数;g 为当前进化代数。显然,当 $\lambda=1$ 时,式(4-34)等价于式(4-27),即 DE/rand/1/bin 策略;当 $\lambda=0$ 时,式(4-34)等价于式(4-30),即 DE/best/1/bin 策略。策略选择的目的是使进化算法在初始阶段全局搜索能力强,维护种群空间多样性,在后期强化局部搜索能力强,避免算法过早停于非最优解上。

2)交叉因子自适应调整策略

在 DE 中,CR 用来控制父代个体 x_i^g 和变异个体 v_i^{g+1} 对试验个体 u_i^{g+1} 的贡献程度,一般取为恒定值。但研究表明,当 CR 越大时,收敛速率越快;当 CR 越小时,可维护种群多样性。因此,构造式(4-36)对 CR 进行自适应调整,其基本思想是在进化初始阶段 CR 较小,有利于维持种群多样性和避免早熟,而在进化后期阶段 CR 不断变大,有利于提高算法的求解精度和局部寻优能力。

$$\text{CR}=\text{CR}_0 \cdot 2^{\exp(1-G_{\max}/(g+1))} \tag{4-36}$$

式中:$\text{CR}_0 \in (0,0.5)$ 为初始交叉因子;g 和 $G_{\max}$ 分别为当前进化代数和最大进化代数。

3)混沌局部搜索

一般而言,进化算法产生早熟收敛的根本原因是进化过程趋同性增强导致种群多样性急剧下降。因此,基于混沌理论的思想,对种群进行混沌局部搜索。混沌搜索可以有效结合混沌序列的非周期性、随机性、遍历性,避免早熟收敛现象,增强进化算法全局寻优的精度和性能。混沌搜索与进化算法的结合主要有三种方式:① 在用求得的最优解附近进行混沌搜索;② 从种群中选择较优部分的精英个体进行混沌搜索;③ 对种群中所有个体进行混沌搜索。这里采用三种方式将混沌搜索嵌入到 DE 中,搜索范围更为全面,提高了算法的寻优能力,能有效避免早熟收敛。

相比最常用的 Logistic 映射,改进的 Logistic 映射具有更好的遍历均匀性。

因此,这里混沌局部搜索采用改进的 Logistic 映射生成 $[-1,1]$ 混沌序列,对 DE 当前种群所有个体进行混沌搜索。改进的 Logistic 映射的数学表达方程为

$$cx_j^{k+1}=1-2 \cdot (cx_j^k)^2, \quad j=1,2,\cdots,D; k=1,2,\cdots,k_{\max} \tag{4-37}$$

式中:D 为决策变量的维数;k、$k_{\max}$ 分别为当前迭代次数和最大迭代次数;$cx_j^k \in [-1,1]$ 为 k 次迭代后的第 j 维混沌变量,产生的序列呈现出完全混沌的动态特性,提高了算法的优化性能。

结合改进的 Logistic 映射,对当前任意个体 x_i^g 混沌局部搜索的计算流程如下。

(1) 设置混沌搜索次数 $k=0$,随机生成混沌序列 $cx^k=(cx_1^k,cx_2^k,\cdots,cx_D^k)$,这里 cx_j^k 为第 j 维混沌变量,$j=1,2,\cdots,D$。

(2) 对 x_i^g 和当前最优个体 x_{best}^g 进行线性拟合来混沌搜索,分别按照下式生成新个体 c_i^g 和 r_i^g:

$$r_{i,j}^g = cx^k \cdot x_{i,j}^g+(1-cx^k) \cdot x_{\text{best},j}^g \tag{4-38}$$

$$c_{i,j}^g = cx^k \cdot x_{\text{best},j}^g+(1-cx^k) \cdot x_{i,j}^g \tag{4-39}$$

式中:$x_{i,j}^g$ 和 $x_{\text{best},j}^g$ 分别是当前个体 x_i^g 和当前最优个体 x_{best}^g 的第 j 维搜索尺度;$r_{i,j}^g$ 和 $c_{i,j}^g$ 分别是新个体的第 j 维搜索尺度。

(3) 计算新个体 c_i^g 和 r_i^g 的目标函数值,记 c_i^g 和 r_i^g 之间的最优值为 cr_i^g,若 cr_i^g 目标函数值优于 x_i^g,将 cr_i^g 作为混沌搜索的结果返回替换 x_i^g。

(4) $k=k+1$,若 $k>k_{\max}$,则混沌搜索操作的迭代过程停止,否则采用改进的 Logistic 映射迭代方程计算 $cx^{k+1}=(cx_1^{k+1},cx_2^{k+1},\cdots,cx_D^{k+1})$,转第(2)步继续迭代。

综合上述对基本 DE 作出的三点改进,即变异策略改进、交叉因子自适应调整策略和混沌局部搜索,本节提出的 ACDE 算法的具体流程如下(见图 4-3)。

(1) 初始化算法控制参数,在可行解空间内随机生成初始种群,并设置种群进化代数 $g=0$。

(2) 应用式(4-34)改进的变异策略,实施变异操作。

(3) 应用式(4-36)交叉因子自适应调整策略,实施交叉操作。

(4) 应用式(4-29)实施选择操作,选取较优个体进入下一代继续进化。

(5) 如果进化代数 $g \bmod 10=0$,则对种群所有个体执行指定迭代次数的混沌局部搜索操作。

(6) 判断算法是否满足停止条件,若是,则算法迭代结束,输出最终最优解;否则 $g=g+1$,转入第(2)步继续进行。

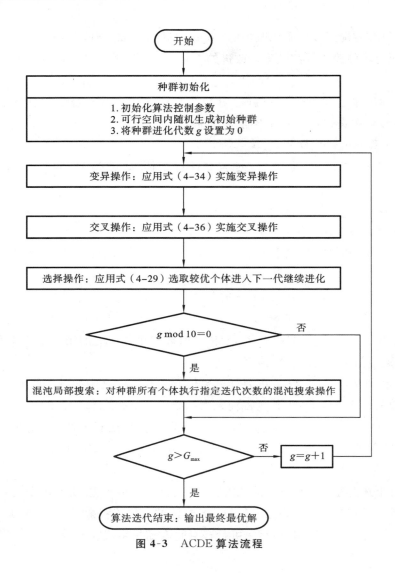

图 4-3 ACDE 算法流程

4.2　可变时空尺度下洪灾易损性诊断

　　洪水灾害系统风险因子辨识受自然环境、水利工程和社会经济等众多因素影响,具有极大的不确定性。针对洪灾易损评价指标体系的不相容性和不确定性,本节以多属性决策的理论与方法为基础,将理想解法和灰色关联法进行结合,应用到洪灾易损性评价中。考虑到传统的理想解法在特定情况下不能进行排序比较的不足,将相对熵概念应用到理想解法的改进中;对灰色关联法的分辨系数选取进行了一定研究,结合实际工程具体情况进行动态取值。在上述改进的基础上,提出了更加可靠、合理的改进灰色理想解法,从位置距离和形状相似性上综合描述了样本与理想解的接近程度,从而更好地挖掘数据的内在规律。同时,针对洪灾易损性评价的复杂性,将反映指标复杂程度的分维应用到评价指标客观权重的计算中,并通过最小信息熵得到了指标的综合权重。本节提出的改进灰色理想解法计算简便、思路清晰,结果可靠、合理,提高了洪灾易损性评价的科学性,在多指标综合评价方面具有较好的应用前景。

4.2.1　改进灰色关联理想解法

1. 灰色关联理想解法

理想解法(TOPSIS)是典型的多属性决策排序方法,其基本思想是计算样本与正理想解和负理想解的欧式距离,通过构造相似贴近度对样本进行优劣排序。对于多属性决策问题,样本与正理想解的距离越小,表明样本越接近理想方案;相反,样本与负理想解的距离越小,表明样本越远离理想方案。当前,TOPSIS 及其改进方法已在干旱评估、水质评价等领域得到了应用,在洪灾风险分析领域也开始受到学者们的关注。然而在进行决策分析时,TOPSIS 从距离尺度这个基准来表征数据序列的位置关系,不能充分表征样本各指标变化趋势与理想解之间的区别,缺乏对数据序列的整体态势分析,且会同时发生样本既与正理想解最近,又与理想解不是最远的情况,给决策专家进行排序和评定造成了一定的困难。

灰色关联(Grey Correlation,GC)法是基于灰色系统理论的评价方法,能够较好地分析和处理灰色及不确定性问题,其基本思想是分析比较数据序列的曲线形状相似程度,通过构造相对贴近度对样本进行优劣排序,已在水资源评价、防洪风险决策等领域得到应用。对于多属性决策问题,样本与正理想解的关联度越大,表明样本越接近理想方案;相反,样本与负理想解的关联度越大,表明样本越远离理想方案。

从 TOPSIS 和 GC 的基本原理可知,两者分别基于位置距离意义下的欧式距离和形状相似意义下的灰色关联度来刻画样本与理想解的接近程度。为了更加科学、合理地表征样本与理想解的空间关系,将两种方法结合形成一种基于灰色关联理想解法(GC-TOPSIS)的模糊多属性决策方法,既考虑位置距离,又考虑形状曲线,从而更好地描述样本与理想解之间的接近程度,是当前多属性评价的一种新思路。GC-TOPSIS 的主要计算步骤如下。

(1)建立评价指标决策矩阵。

设有 n 个样本，m 个指标，第 i 个样本的第 j 个指标的特征值为 x_{ij}，则评价样本集为 $n \times m$ 的特征值矩阵 $\boldsymbol{X}$ 为

$$\boldsymbol{X}=(x_{ij})_{n \times m}=\begin{bmatrix} x_{11} & x_{12} & \cdots & x_{1m} \\ x_{21} & x_{22} & \cdots & x_{2m} \\ \vdots & \vdots & & \vdots \\ x_{n1} & x_{n2} & \cdots & x_{nm} \end{bmatrix}, \quad i=1,2,\cdots,n; j=1,2,\cdots,m \quad (4-40)$$

(2)评价指标标准化处理。

对各特征值 x_{ij} 进行标准化处理，得到无量纲标准化矩阵 $\boldsymbol{B}=(b_{ij})_{n \times m}$，即

$$b_{ij}=x_{ij} \bigg/ \sqrt{\sum_{i=1}^{n} x_{ij}^2}, \quad 1 \leqslant i \leqslant n, 1 \leqslant j \leqslant m \quad (4-41)$$

(3)确定评价指标权重。

分别采用主、客观权重计算方法，并确定组合权重为

$$\boldsymbol{\omega}=(\omega_1,\omega_2,\cdots,\omega_m)^{\mathrm{T}}, \quad \sum_{j=1}^{m} \omega_j=1$$

(4)计算得到加权标准化矩阵 $\boldsymbol{U}$。

结合指标权重对标准化矩阵 $\boldsymbol{B}$ 进行加权处理，计算得到加权标准化矩阵 $\boldsymbol{U}$：

$$\boldsymbol{U}=(u_{ij})_{n \times m}=(\omega_j \cdot b_{ij})_{n \times m}=\begin{bmatrix} u_{11} & u_{12} & \cdots & u_{1m} \\ u_{21} & u_{22} & \cdots & u_{2m} \\ \vdots & \vdots & & \vdots \\ u_{n1} & u_{n2} & \cdots & u_{nm} \end{bmatrix} \quad (4-42)$$

(5)确定正理想解和负理想解。

正理想解和负理想解的定义分别为

$$u^+=\{\langle \max_{1 \leqslant i \leqslant n} u_{ij} \,|\, j \in J^+ \rangle, \langle \min_{1 \leqslant i \leqslant n} u_{ij} \,|\, j \in J^- \rangle\}=(u_1^+,u_2^+,\cdots,u_j^+,\cdots,u_m^+)$$

$$(4-43)$$

$$u^-=\{\langle \min_{1 \leqslant i \leqslant n} u_{ij} \,|\, j \in J^+ \rangle, \langle \max_{1 \leqslant i \leqslant n} u_{ij} \,|\, j \in J^- \rangle\}=(u_1^-,u_2^-,\cdots,u_j^-,\cdots,u_m^-)$$

$$(4-44)$$

式中：J^+ 和 J^- 分别为效益型指标（指标值越大越优）、成本型指标（指标值越小越优）。

(6)在第(5)步的基础上，计算样本到正理想解和负理想解的欧氏距离。

计算第 i 个样本到正理想解的欧式距离：

$$S_i^+ = \left(\sum_{j=1}^{m} [u_{ij} - u_j^+]^2 \right)^{1/2}, \quad i = 1, 2, \cdots, n \tag{4-45}$$

计算第 i 个样本到负理想解的欧式距离：

$$S_i^- = \left(\sum_{j=1}^{m} [u_{ij} - u_j^-]^2 \right)^{1/2}, \quad i = 1, 2, \cdots, n \tag{4-46}$$

（7）同样在第（5）步的基础上，计算样本到正理想解和负理想解的灰色关联度。

① 对于第 i 个样本的 j 指标，与正理想解 u_j^+ 的灰色关联系数 r_{ij}^+ 计算公式为

$$r_{ij}^+ = \frac{\min\limits_{1 \leq i \leq n} \min\limits_{1 \leq j \leq m} \Delta u_{ij}^+ + \rho \cdot \max\limits_{1 \leq i \leq n} \max\limits_{1 \leq j \leq m} \Delta u_{ij}^+}{\Delta u_{ij}^+ + \rho \cdot \max\limits_{1 \leq i \leq n} \max\limits_{1 \leq j \leq m} \Delta u_{ij}^+} \tag{4-47}$$

式中：$\Delta u_{ij}^+ = |u_{ij} - u_j^+|$；$\min\limits_{1 \leq i \leq n} \min\limits_{1 \leq j \leq m} \Delta u_{ij}^+$ 为两级最小差；$\max\limits_{1 \leq i \leq n} \max\limits_{1 \leq j \leq m} \Delta u_{ij}^+$ 为两级最大差；ρ^+ 为分辨系数，且 $\rho^+ \in [0,1]$，一般有 $\rho^+ = 0.5$。样本与正理想解的灰色关联系数矩阵为

$$\boldsymbol{R}^+ = (r_{ij}^+)_{n \times m} = \begin{bmatrix} r_{11}^+ & r_{12}^+ & \cdots & r_{1m}^+ \\ r_{21}^+ & r_{22}^+ & \cdots & r_{2m}^+ \\ \vdots & \vdots & & \vdots \\ r_{n1}^+ & r_{n2}^+ & \cdots & r_{nm}^+ \end{bmatrix} \tag{4-48}$$

则第 i 个样本与正理想解的灰色关联度为

$$R_i^+ = \frac{1}{m} \sum_{j=1}^{m} r_{ij}^+, \quad i = 1, 2, \cdots, n \tag{4-49}$$

② 类似地，对于第 i 个样本的 j 指标，与负理想解 u_j^- 的灰色关联系数 r_{ij}^- 计算公式为

$$r_{ij}^- = \frac{\min\limits_{1 \leq i \leq n} \min\limits_{1 \leq j \leq m} \Delta u_{ij}^- + \rho \cdot \max\limits_{1 \leq i \leq n} \max\limits_{1 \leq j \leq m} \Delta u_{ij}^-}{\Delta u_{ij}^- + \rho \cdot \max\limits_{1 \leq i \leq n} \max\limits_{1 \leq j \leq m} \Delta u_{ij}^-} \tag{4-50}$$

式中：$\Delta u_{ij}^- = |u_{ij} - u_j^-|$；$\min\limits_{1 \leq i \leq n} \min\limits_{1 \leq j \leq m} \Delta u_{ij}^-$ 为两级最小差；$\max\limits_{1 \leq i \leq n} \max\limits_{1 \leq j \leq m} \Delta u_{ij}^-$ 为两级最大差；ρ^- 为分辨系数，且 $\rho^- \in [0,1]$，一般有 $\rho^- = 0.5$。样本与负理想解的灰色关联系数矩阵为

$$\boldsymbol{R}^- = (r_{ij}^-)_{n \times m} = \begin{bmatrix} r_{11}^- & r_{12}^- & \cdots & r_{1m}^- \\ r_{21}^- & r_{22}^- & \cdots & r_{2m}^- \\ \vdots & \vdots & & \vdots \\ r_{n1}^- & r_{n2}^- & \cdots & r_{nm}^- \end{bmatrix} \tag{4-51}$$

则第 i 个样本与负理想解的灰色关联度为

$$R_i^- = \frac{1}{m} \sum_{j=1}^{m} r_{ij}^-, \quad i = 1, 2, \cdots, n \qquad (4\text{-}52)$$

（8）计算样本到正理想解和负理想解的相似贴近度。

① 首先对欧式距离（样本到正理想解的欧式距离 S_i^+ 和样本到负理想解的欧式距离 S_i^-）和灰色关联度（样本与正理想解的灰色关联度 R_i^+ 和样本与负理想解的灰色关联度 R_i^-）进行无量纲化处理：

$$s_i^+ = S_i^+ / \max_{1 \leqslant i \leqslant n} S_i^+; \quad s_i^- = S_i^- / \max_{1 \leqslant i \leqslant n} S_i^-$$
$$r_i^+ = R_i^+ / \max_{1 \leqslant i \leqslant n} R_i^+; \quad r_i^- = R_i^- / \max_{1 \leqslant i \leqslant n} R_i^- \qquad (4\text{-}53)$$

② 计算样本与正理想解和负理想解的贴近程度。由 TOPSIS 和 GC 的基本原理可知：s_i^- 和 r_i^+ 越大，表明样本越逼近正理想解；反之，s_i^+ 和 r_i^- 越大，表明样本越逼近负理想解、远离正理想解。因此，将欧式距离和灰色关联度进行结合，得到样本与正理想解和负理想解的贴近程度 Ω_i^+ 和 Ω_i^-，有

$$\Omega_i^+ = \beta_1 \cdot s_i^- + \beta_2 \cdot r_i^+, \quad i = 1, 2, \cdots, n$$
$$\Omega_i^- = \beta_1 \cdot s_i^+ + \beta_2 \cdot r_i^-, \quad i = 1, 2, \cdots, n \qquad (4\text{-}54)$$

式中：决策专家结合主观认知和信任程度，选择对位置和形状的偏好系数 β_1、β_2，得 $\beta_1 + \beta_2 = 1$，一般取 $\beta_1 = \beta_2 = 0.5$。

③ 计算样本的相似贴近度。通过式（4-55）对 Ω_i^+ 和 Ω_i^- 进行转化，得到相似贴近度 π_i，π_i 既能够反映样本与正理想解和负理想解的距离位置关系，又能够反映样本与正理想解和负理想解的数据曲线相似性差异，物理含义更加明确：

$$\pi_i = \Omega_i^+ / (\Omega_i^+ + \Omega_i^-), \quad i = 1, 2, \cdots, n \qquad (4\text{-}55)$$

（9）样本排序比较与等级评定。

结合相似贴近度 π_i 计算结果对样本进行排序比较与等级评定。特别地，需要进行等级评定时，需将评价标准扩展到特征值矩阵 $\boldsymbol{X}$ 中，形成增益型的特征值矩阵，其他步骤不变。

2. TOPSIS 的改进

传统的 TOPSIS 在进行样本排序和评价时，可能出现与正理想解的欧式距离近，同时与负理想解的欧氏距离也近的情况；正理想解和负理想解连线的中垂线上所有点同正理想解的贴近度均为 0.5，在多属性决策分析时并不能完全反映样本的优劣性。因此，基于相对熵对 TOPSIS 进行改进。

基于相对熵的多属性决策排序方法说明了相对熵法解决了夹角度量法、正交投影法等不能对部分方案进行排序的问题，并证明了该改进方法具有较好的稳定性和准确性。其主要思想是结合式（4-56）和式（4-57）计算第 i 个样本与正、负理想解的相对熵值（即 Kullback-Leibler 距离，简称 KL 距离），用 KL 距离代替欧氏

距离：

$$S_i^+ = \sum_{j=1}^{m} \left\{ u_j^+ \cdot \lg \frac{u_j^+}{u_{ij}} + (1 - u_j^+) \cdot \lg \frac{1 - u_j^+}{1 - u_{ij}} \right\}, \quad i = 1, 2, \cdots, n \quad (4\text{-}56)$$

$$S_i^- = \sum_{j=1}^{m} \left\{ u_j^- \cdot \lg \frac{u_j^-}{u_{ij}} + (1 - u_j^-) \cdot \lg \frac{1 - u_j^-}{1 - u_{ij}} \right\}, \quad i = 1, 2, \cdots, n \quad (4\text{-}57)$$

类似地，第 i 个样本与正理想解的相对贴近度计算公式为

$$C_i = S_i^- / (S_i^+ + S_i^-), \quad i = 1, 2, \cdots, n \quad (4\text{-}58)$$

由于夹角度量法只考虑了样本的夹角贴近度，忽略了长度差异，当两待评样本间的夹角完全相同而长度不同时，夹角度量法会得到错误的结论。经过理论证明和实例研究表明，夹角度量法在理论上存在严重的缺陷，将其应用到多属性决策问题中难免会造成错误的结论。同样地，针对传统 TOPSIS 不能较好地进行排序的理论缺陷，在特殊条件下基于"垂面"距离的正交投影法仍不能给出有效的解决方案；基于相对熵的 TOPSIS 与基于正交投影的 TOPSIS 相比，前者的排序结果更加直接、直观，且区分度更大，计算结果能更好应用于优劣排序。

3. 灰色关联法的改进

传统灰色关联法中分辨系数 ρ 一般取值为 0.5，它的作用是抑制、削弱因最大绝对值差数值太大而失真的影响，提高关联系数之间的差异显著性，保证决策分析和优劣排序的客观性和准确性。实际上关联系数 r_{ij}^+ 和 r_{ij}^- 不仅与待评样本和正、负理想解有关，而且与整个关联空间位置有关。因此，分辨系数 ρ 应该结合实际工程具体情况进行动态取值，遵循以下两个原则。

（1）当样本数据出现异常值时，分辨系数 ρ 应该取较小的值，从而克服异常值的支配，起到抗干扰的作用。

（2）当样本数据比较平稳且变化不大时，分辨系数 ρ 应该取较大的值，充分体现关联空间的整体性，提高差异显著性。

当计算样本到正理想解的灰色关联度时，分辨系数 ρ 具体取值方法如下。

令差异变换矩阵 $\Delta_{ij} = \Delta u_{ij}^+ = |u_{ij} - u_j^+|$，两极最大差 $\Delta_{\max} = \max\limits_{1 \leqslant i \leqslant n} \max\limits_{1 \leqslant j \leqslant m} \Delta u_{ij}^+$。取 Δ 为矩阵 Δ_{ij} 的平均值，有

$$\Delta = \frac{1}{n \cdot m} \sum_{i=1}^{n} \sum_{j=1}^{m} \Delta_{ij} \quad (4\text{-}59)$$

再令 φ 为平均值与两极最大值 $\Delta_{\max}$ 的比值，即 $\varphi = \Delta / \Delta_{\max}$，则分辨系数 ρ 的取值范围为 $\varphi \leqslant \rho \leqslant 2\varphi$，且满足

$$\begin{aligned} &\text{当 } 0 < \varphi < 1/3 \text{ 时}, \quad \varphi < \rho < 1.5\varphi \\ &\text{当 } 1/3 \leqslant \varphi < 1 \text{ 时}, \quad 1.5\varphi \leqslant \rho < 2\varphi \end{aligned} \quad (4\text{-}60)$$

4. 改进的灰色关联理想解法

综上所述,采用 KL 距离代替欧式距离从而进行 TOPSIS 的改进,并对分辨系数进行动态赋值从而进行 GC 的改进,在两者改进的基础上,提出了改进的灰色关联理想解法(IGC-TOPSIS),其主要计算流程(见图 4-4)如下。

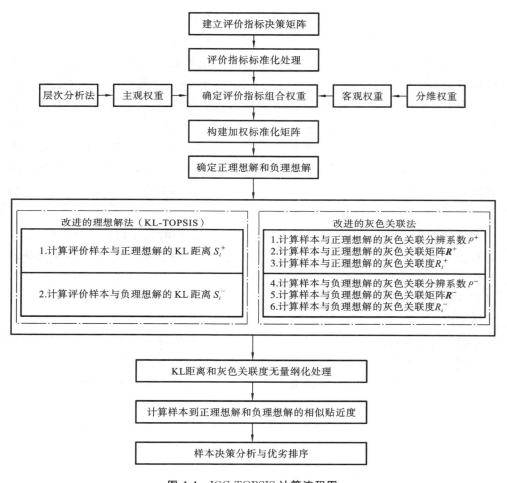

图 4-4 IGC-TOPSIS 计算流程图

(1) 建立评价指标决策矩阵,由式(4-40)得到评价指标特征值矩阵。

(2) 由式(4-41)对评价指标进行标准化处理。

(3) 确定评价指标的主观权重和客观权重,用最小相对信息熵法(即式(4-57))得到评价指标组合权重。

(4) 由式(4-42)构建加权标准化矩阵。

（5）确定指标类型，即效益型指标和成本型指标，然后分别由式（4-43）和式（4-44）确定正理想解和负理想解。

（6）通过改进的理想解法，即式（4-56）和式（4-57）计算样本到正理想解和负理想解的 KL 距离，即 S_i^+ 和 S_i^-。

（7）通过改进的 GC 方法计算样本到正理想解和负理想解的灰色关联度。首先由式（4-60）获得分辨系数，然后由式（4-47）和式（4-48）计算样本到正理想解的灰色关联矩阵，在此基础上，由式（4-49）计算得到样本到正理想解的灰色关联度；类似地，首先由式（4-60）获得分辨系数，然后由式（4-50）和式（4-51）计算样本到负理想解的灰色关联矩阵，在此基础上，由式（4-52）计算得到样本到负理想解的灰色关联度。

（8）由式（4-53）～式（4-55）计算样本到正理想解的相似贴近度。

（9）根据第（8）步得到的相似贴近度对样本进行样本决策分析与优劣排序。

4.2.2　基于分形理论的客观权重确定

受自然条件和社会经济众多复杂因素的综合作用，洪灾易损性评价需要综合考虑致灾因子、孕灾环境、承灾体以及社会防洪减灾能力等多方面因素，且多个因素之间存在着相互依存、关联、影响的关系，具有随机性、模糊性、灰色性等不确定性。为了能够描述洪灾易损性评价系统的复杂程度，本章结合分形理论计算指标的客观权重。分维数越大，表明各因素间相互作用越复杂，该易损性指标越重要；反之，分维数越小，该易损性指标对评价的重要性程度越低。特别地，若某些指标的分维数相等或接近，则表明这些指标间相互作用的机理相似，与洪灾成灾影响机制可能接近。基于分形理论的客观权重计算步骤如下。

（1）建立评价指标决策矩阵。设有 n 个样本，m 个指标，第 i 个样本的第 j 个指标的特征值为 x_{ij}，则评价样本集为 $n \times m$ 的特征值矩阵 $\boldsymbol{X}$：

$$\boldsymbol{X} = \begin{bmatrix} x_{11} & x_{12} & \cdots & x_{1m} \\ x_{21} & x_{22} & \cdots & x_{2m} \\ \vdots & \vdots & & \vdots \\ x_{n1} & x_{n2} & \cdots & x_{nm} \end{bmatrix} = (x_{ij})_{n \times m}, \quad i = 1, 2, \cdots, n; j = 1, 2, \cdots, m \tag{4-61}$$

式中：x_{ij} 表示第 i 个样本的 j 指标的特征值；n、m 分别为样本数目和指标数目。

（2）评价指标标准化处理。对各特征值 x_{ij}^* 进行标准化处理，得到无量纲标准化矩阵 $\boldsymbol{B} = (b_{ij})_{n \times m}$：

$$\text{对于正指标：} b_{ij} = (x_{ij} - x_{\min}(j))/(x_{\max}(j) - x_{\min}(j)) \tag{4-62}$$

$$\text{对于负指标：} b_{ij} = (x_{\max}(j) - x_{ij})/(x_{\max}(j) - x_{\min}(j)) \tag{4-63}$$

式中:b_{ij} 为第 i 个样本的第 j 个指标的归一化值,$x_{\max}(j)$ 和 $x_{\min}(j)$ 分别为第 j 个指标的最大值和最小值。

（3）建立 $1\sim 9$ 维相空间（根据不同条件可选择更多维）:

1 维相空间,　　　 2 维相空间,　　 $\cdots$,　　　　　　　　 9 维相空间

$$
\begin{bmatrix} b_{i1} \\ b_{i2} \\ \vdots \\ b_{in} \end{bmatrix} ,\quad \begin{bmatrix} b_{i1} & b_{i2} \\ b_{i2} & b_{i3} \\ \vdots & \vdots \\ b_{i(n-1)} & b_{in} \end{bmatrix} ,\quad \cdots ,\quad \begin{bmatrix} b_{i1} & b_{i2} & \cdots & b_{i8} & b_{i9} \\ b_{i2} & b_{i3} & \cdots & b_{i9} & b_{i10} \\ \vdots & \vdots & & \vdots & \vdots \\ b_{i(n-8)} & b_{i(n-7)} & \cdots & b_{i(n-1)} & b_{in} \end{bmatrix} \tag{4-64}
$$

（4）计算第（3）步中不同相空间每行之间的距离 $r_{pq}(s)$ 与平均距离 $\Delta b(s)$:

$$
r_{pq}(s) = \sqrt{\sum_{k=1}^{s} (b_{pk} - b_{qk})^2} \tag{4-65}
$$

$$
\Delta b(s) = \frac{1}{(n-s+1)^2} \sum_{p=1}^{n-s+1} \sum_{q=1}^{n-s+1} r_{pq}(s) \tag{4-66}
$$

式中:$p,q=1,2,\cdots,n-s+1$ 为不同相空间的点数;$s=1,2,\cdots,\omega$ 为相空间维数,其中 ω 为最大相空间维数且一般取值为 9,即 9 维。

（5）计算不同相空间两点之间距离小于 r_{sk} 的概率 $C_k(s)$:

$$
C_k(s) = \frac{1}{(n-s+1)^2} \sum_{p=1}^{n-s+1} \sum_{q=1}^{n-s+1} H(r_{sk} - r_{pq}(s)) \tag{4-67}
$$

式中:$H(t)$ 为 Heaviside 函数,即单位阶跃函数,当 $t \geqslant 0$ 时其函数值为 1,当 $t < 0$ 时其函数值为 0;r_{sk} 为指定距离的上限值,由下式确定:

$$
r_{sk} = \frac{k}{10} \Delta b(s), \quad k=1,2,\cdots,14 \tag{4-68}
$$

（6）确定分形的存在性并计算分维数。计算第 s 维相空间求出的一系列 $C_k(s)$ 值（$k=1,2,\cdots,14$）,如果 $C_k(s)$ 和 r_{sk} 在双对数图上为直线,则分形是存在的:

$$
C_k(s) \propto r_{sk}^D \tag{4-69}
$$

确定存在分形后,曲线 $\ln C_k(s) \sim \ln r_{sk}$ 的斜率即为分维数,计算公式为

$$
D_s = \lim_{r_{sk} \to 0} \frac{\ln C_k(s)}{\ln r_{sk}} \tag{4-70}
$$

如果分维数随着相空间维数 s 的升高趋向极限,则这一极限值为第 s 维相空间的分维数。在实际工程应用中,当分维数没有严格趋向于极限值时,可以改变相空间维数 s 的取值,选择趋于稳定的最大的分维数或者相邻空间分维数之差满足一定阈值的分维数,作为该评价指标的分维数。

（7）当所有评价指标的分维数都计算完毕后,由下式得到评价指标的分维权重（即客观权重）:

$$\omega_j = D_j \Big/ \sum_{j=1}^{m} D_j, \quad j = 1, 2, \cdots, m \tag{4-71}$$

式中：D_j 为第 j 个评价指标的分维数；ω_j 为第 j 个评价指标的权重。

综上，基于分形理论的客观权重计算流程如图 4-5 所示。

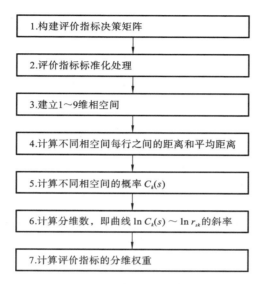

图 4-5　基于分形理论的客观权重计算流程

4.3　洪水风险综合评价理论与方法

本节针对洪水风险分析中多个相互制约因素间的耦合与协同关系，对洪水的多级模糊风险因子进行识别，构建洪水灾害风险评价指标体系，研究基于模糊数学、属性区间识别理论、可变模糊集等先进理论的洪水灾害风险评价方法，丰富和发展不确定条件下洪水灾害风险综合评价理论与方法体系，为制定洪水防灾、减灾紧急预案提供理论依据和技术支撑。

4.3.1　基于属性区间识别理论的洪水风险评价

针对洪灾后果综合评价指标体系的模糊性与不确定性，以属性区间识别理论为基础，通过对不确定条件下洪水灾害系统进行风险辨识，建立洪灾后果综合评价属性区间识别模型,解析风险因素间的多元耦合关系,并依据置信度准则、灰色接近度和样本评分准则进行洪灾后果等级识别和比较排序分析。实例研究表明,该模型简单、方便、合理、有效,为洪水危险、易损和风险等级划分及洪灾风险图专题制作提供了指导,也为洪水灾害风险评估系统设计与开发提供了依据。

1. 属性区间识别模型

设 X 为研究对象的全体,称为对象空间。在 X 上取 n 个样本 $x_i(i=1,2,\cdots,n)$,有 m 个评价指标 $I_1,I_2,\cdots,I_m$,第 i 个样本 x_i 的第 j 个评价指标 I_j 测量值为 $x_{ij}(1\leqslant i\leqslant n,1\leqslant j\leqslant m)$。设 F 为 X 中元素的某类属性,称为属性空间,由评语组成的 K 个等级构成的评价集 $(C_1,C_2,\cdots,C_K)$ 是 F 的一个有序分割类。每个指标的分类标准矩阵已知,写成分类标准矩阵如下:

$$
\begin{array}{c}
\quad\quad C_1 \quad\quad\quad C_2 \quad\quad \cdots \quad\quad C_K \\
\begin{array}{c} I_1 \\ I_2 \\ \vdots \\ I_m \end{array}
\left[\begin{array}{cccc}
[a_{11},b_{11}] & [a_{12},b_{12}] & \cdots & [a_{1K},b_{1K}] \\
[a_{21},b_{21}] & [a_{22},b_{22}] & \cdots & [a_{2K},b_{2K}] \\
\vdots & \vdots & \vdots & \vdots \\
[a_{m1},b_{m1}] & [a_{m2},b_{m2}] & \cdots & [a_{mK},b_{mK}]
\end{array}\right]
\end{array}
\tag{4-72}
$$

式中:$[a_{jk},b_{jk}]$ 为第 j 个指标在属性区间 F 上的第 k 个分割区间,满足 $a_{jk}\leqslant b_{jk}$。

首先计算第 i 个样本 x_i 的属性测度区间 $[\mu_{ijk}]=[\underline{\mu_{ijk}},\overline{\mu_{ijk}}]$。

然后由均化系数对单指标属性测度区间进行转换,得到单指标属性测度 μ_{ijk}:

$$
\mu_{ijk}=\alpha \cdot \underline{\mu_{ijk}}+(1-\alpha) \cdot \overline{\mu_{ijk}}
\tag{4-73}
$$

式中:α 为属性测度区间均化系数,$\alpha\in(0,1)$。

设指标权重为 $(\omega_1,\omega_2,\cdots,\omega_m)$,$\omega_j\geqslant 0$,$\sum\limits_{j=1}^{m}\omega_j=1$,在计算得到第 i 个样本的所有 m 个指标测量值的属性测度后,计算第 i 个样本 x_i 属于第 k 类的属性测度 μ_{ik}:

$$
\mu_{ik}=\mu(x_i\in C_k)=\sum_{j=1}^{m}\omega_j\mu_{ijk}, \quad 1\leqslant i\leqslant n,1\leqslant k\leqslant K
\tag{4-74}
$$

最后,按照置信度准则,计算

$$
k_i=\min\left\{k:\sum_{l=1}^{k}\mu_{xi}(C_l)\geqslant\lambda\right\}, \quad 1\leqslant k\leqslant K
\tag{4-75}
$$

取 k 直到满足式(4-75),则 x_i 属于 C_k 类。置信度 λ 主观性较大,因此还计算样本与理想模式属性测度之间的灰色接近度 R_k,由最大接近度判断样本的类别。

2. 属性权重系数确定

将由层次分析法得到的主观权重系数 ω_0 和基于改进熵权得到的客观权重系

数 θ 结合,把主、客观权重综合为组合权重 ω:

$$\omega = \beta\omega_0 + (1-\beta)\theta \tag{4-76}$$

式中: $\beta \in (0,1)$ 为评价指标主、客观权重的偏好系数。

改进的计算熵权公式为

$$\theta_j = \begin{cases} \dfrac{1 + e^{m(1+H_j)}}{\displaystyle\sum_{i=1, H_i \neq 1}^{m} (1 + e^{m/(1+H_i)})}, & H_j \neq 1 \\ \\ 0, & H_j = 1 \end{cases} \tag{4-77}$$

式中: m 为指标总数; H_j 为第 j 个指标的熵值; $\theta_j \in [0,1]$,且 $\sum\limits_{j=1}^{m} \theta_j = 1$ 。

4.3.2　基于可变模糊集理论的洪灾风险评价

依据灾害系统理论,综合考虑洪水灾害系统的自然和社会属性,构建了洪水灾害风险综合评价指标体系,制定了相应指标的评价标准;在此基础上,以乡镇行政单元为基本评价单元,基于可变模糊集理论,采用可变模糊评价模型确定样本指标对各级指标标准区间的相对差异函数和相对隶属度,并通过变换组合参数进行综合评价,计算得到各评价单元的危险等级、易损等级和风险等级。以荆江分洪区为典型研究区域,实例研究表明,该方法计算简便、理论严谨、评价结果可信度高,为洪灾风险评价提供了一条新思路。

1. 可变模糊评价模型

可变模糊集理论的核心是相对隶属函数、相对差异函数与可变模糊集合的概念与定义,它们是描述事物量变、质变时的数学语言和量化工具,为工程领域变化模型及模型参数的必要性与可能性提供了新的思路。可变模糊评价模型的具体步骤如下。

(1) 已知待评价样本的 m 个评价指标 $x = (x_1, x_2, \cdots, x_m)$,根据 c 个级别的标准值构造区间矩阵 $\boldsymbol{I}_{ab} = ([a,b]_{ih})$,式中 $i = 1,2,\cdots,m$; $h = 1,2,\cdots,c$ 。 m 和 c 分别是评价指标数目和级别数目。

(2) 根据已知的 c 个级别的标准区间矩阵 $\boldsymbol{I}_{ab}$,构造变动区间的范围域 $\boldsymbol{I}_{cd} = ([c,d]_{ih})$;同时,根据对指标 i 的物理分析与实际情况,确定指标 i 级别 h 的点值矩阵 $\boldsymbol{M} = (m_{ih})$ 。

(3) 采用有序二元比较理论确定权重向量 $\boldsymbol{\omega} = (\omega_1, \omega_2, \cdots, \omega_m)$, $\sum\limits_{i=1}^{m} \omega_i = 1$ 。

(4) 根据相对差异模型计算相对隶属度矩阵,计算样本对于级别 h 的综合相

对隶属度向量 $U' = (u'_h)$。其中：

$$u'_h = \left\{ 1 + \left[\frac{\left(\sum_{i=1}^{m} \left[\omega_i \cdot (1 - \mu_A(u)_{ih}) \right]^p \right)^{\frac{a}{p}}}{\left(\sum_{i=1}^{m} \left[\omega_i \cdot \mu_A(u)_{ih} \right]^p \right)^{\frac{a}{p}}} \right] \right\}^{-1} \tag{4-78}$$

式中：u'_h 为非归一化的综合相对隶属度；a 为模型优化准则参数，$a=1$ 为最小一乘方准则，$a=2$ 为最小二乘方准则；p 为距离参数，$p=1$ 为海明距离，$p=2$ 为欧氏距离。显然，参数 a 和 p 可有四种搭配。

（5）对综合相对隶属度向量 U' 进行归一化处理，得到最终的归一化综合相对隶属度向量 $U = (u_h)$，应用级别特征公式计算样本的级别特征值：

$$H = \sum_{h=1}^{c} u_h \cdot h \tag{4-79}$$

（6）根据可变模糊集关于变换模型、变换模型中参数有关原理，分析样本级别特征值的稳定性，最终确定样本的评定级别。

2．实例研究与分析

荆江分洪区位于荆江南岸，是荆江地区防洪系统的主要组成部分，其主要作用是当长江出现特大洪水时，为缓解长江上游洪水来量与荆江河槽安全泄量不相适应的矛盾，开启北闸分蓄洪水，确保荆江大堤、江汉平原和武汉市的安全。分洪区是洪水风险最大的地区，对分洪区进行洪灾风险分析具有显著的现实意义。

洪水灾害风险评价涉及致灾因子、孕灾环境及承灾体等众多因素的影响，这些因素在不同区域间有较强的空间差异性，同时许多因素尚无统一的定量标准，使得评价指标体系很复杂，难以操作。因此，从洪水灾害风险形成机制的角度出发，借鉴目前比较成熟的灾害风险评估方法，遵循系统性、科学性、结构层次、定量化、可操作性、兼容性和普适性的原则，建立了洪灾综合风险评价指标体系，如图 4-6 所示。以乡镇为基本评价单元，洪水灾害危险性评价指标包括平均最大水深、平均最大流速、洪水到达时间、洪水淹没范围、多年平均降雨量、平均地面高程、地物覆盖率 7 个指标；洪水灾害易损性评价指标包括人口密度、工业产值密度、农业产值密度、养殖面积百分比、道路网密度和单位面积牲畜数 6 个指标。

在参考国家、行业及地方规定或颁布的有关标准或文件基础上，引用相关文献中确定标准的方法，结合研究区自然地理、水文气象条件、社会经济及其对洪灾影响的实际情况和特点，确定各项评价指标的评价标准，如表 4-1 和表 4-2 所示。依次执行可变模糊集理论评价模型的步骤，计算得到危险性和易损性评价结果，如表 4-3 和表 4-4 所示。

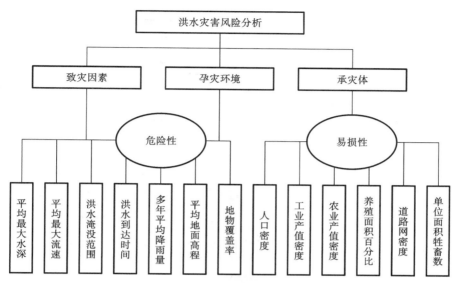

图 4-6 洪水灾害风险评价指标体系

表 4-1 荆江分洪区危险性评价标准

危险性指标	1	2	3	4	5
平均最大流速/(m/s)	0~0.05	0.05~0.15	0.15~0.25	0.25~0.35	0.35~0.45
平均最大水深/m	0~0.5	0.5~1.5	1.5~3.0	3.0~5.0	5.0~7.0
洪水淹没范围/km²	0~50	50~100	100~150	150~200	200~250
洪水到达时间/h	120~180	72~120	24~72	6~24	0~6
多年平均降雨量/mm	0~800	800~1000	1000~1200	1200~1400	1400~1600
平均地面高程/m	40~42	38~40	36~38	34~36	32~34
地物覆盖率/10^{-3}	13.33~16.67	10~13.33	6.67~10	3.33~6.67	0~3.33

表 4-2 荆江分洪区易损性评价标准

易损性指标	1	2	3	4	5
人口密度/(人/km²)	0~300	300~360	360~420	420~500	500~2000
工业产值密度/(万元/km²)	0~700	700~1250	1250~1800	1800~2350	2350~4000
农业产值密度/(万元/km²)	0~92	92~104	104~116	116~128	128~140
养殖面积百分比/(%)	0~2	2~3.67	3.67~5.33	5.33~7	7~8.67
单位面积牲畜数/(头/km²)	0~100	100~200	200~300	300~400	400~500
道路网密度/(m/km²)	0~100	100~200	200~300	300~400	400~500

表 4-3　基于可变模糊集理论的危险性评价结果

受灾区域	$a=1, p=1$	$a=1, p=2$	$a=2, p=1$	$a=2, p=2$	均值	危险等级
埠河镇	3.68	3.67	3.75	3.85	3.74	高危险等级
斗湖堤镇	3.52	3.44	3.60	3.54	3.53	高危险等级
杨家厂镇	2.40	2.41	2.13	2.08	2.26	低危险等级
麻豪口镇	3.40	3.39	3.31	3.31	3.35	中等危险等级
藕池镇	3.32	3.30	3.36	3.39	3.34	中等危险等级
黄山头镇	3.64	3.56	3.80	3.74	3.68	高危险等级
闸口镇	3.69	3.75	3.65	3.77	3.72	高危险等级
夹竹园镇	3.60	3.62	3.51	3.60	3.58	高危险等级

表 4-4　基于可变模糊集理论的易损性评价结果

乡镇名称	$a=1, p=1$	$a=1, p=2$	$a=2, p=1$	$a=2, p=2$	均值	易损等级
埠河镇	2.73	2.93	2.58	2.98	2.80	中等易损等级
斗湖堤镇	4.42	4.28	4.87	4.83	4.60	极高易损等级
杨家厂镇	2.81	2.79	2.93	2.94	2.87	中等易损等级
麻豪口镇	2.41	2.45	2.28	2.28	2.35	低易损等级
藕池镇	3.64	3.72	3.75	3.91	3.76	高易损等级
黄山头镇	2.08	2.23	1.78	1.83	1.98	低易损等级
闸口镇	2.60	2.57	2.64	2.59	2.60	中等易损等级
夹竹园镇	3.11	3.08	3.17	3.17	3.13	中等易损等级

在危险性和易损性评价的基础上,依据风险等级分区矩阵得到各评价单元的风险等级,如表 4-5 所示。结合 GIS 生成的洪水灾害风险综合评价图(见图 4-7),通过实际调查和比较,由表 4-3、表 4-4、表 4-5 可知,评价结果能很好地与实际情况吻合,证明了可变模糊理论在洪水灾害风险中的可靠性和适用性。

表 4-5　荆江分洪区风险评价结果

乡镇名称	埠河镇	斗湖堤镇	杨家厂镇	麻豪口镇	藕池镇	黄山头镇	闸口镇	夹竹园镇
风险等级	高风险	极高风险	中等风险	中等风险	高风险	中等风险	高风险	高风险

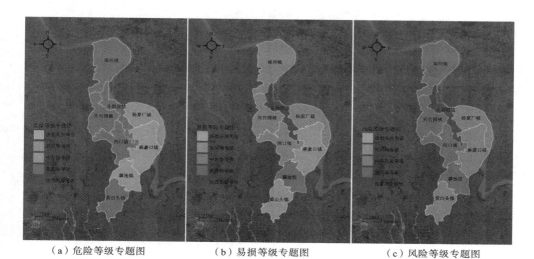

（a）危险等级专题图　　　　　（b）易损等级专题图　　　　　（c）风险等级专题图

图 4-7　荆江分洪区洪水灾害风险综合评价图

第5章

洪水灾害动态评估
及多级综合评价方法

　　本章围绕孕灾环境、致灾因子及承灾体不确定性引起洪水灾害快速评估与综合动态评价的需求变化,针对洪水风险指标体系的多场耦合特点,通过对洪水灾变系统中承灾体子系统的分解与辨识,研究了承灾体系统中人类、社会、经济和生态环境等各要素对不同洪水模式的相对敏感性及其时空动态响应特性,结合社会经济、行政区划、土地利用类型数据和二维洪水演进计算结果,提出了基于 GIS 的空间展布、叠加分析、栅格运算及区类统计等方法,建立了考虑时变效应的洪水灾害损失分布式动态评估模型,实现了各时相淹没情景直观展示和灾害损失快速动态评估;针对洪水灾害各指标时空分布不均匀且交叉严重等问题,构建了相对值灾情评价指标体系,提出了适用于无评价指标标准情况的多级模糊聚类迭代评价模型,以及适用于给定评价指标标准情况的投影寻踪聚类评价模型,实现了洪水灾害高分辨率快速动态综合评价。

5.1　洪水灾害损失评估原理与方法

5.1.1　研究目的及意义

　　洪水作为一种正常自然界现象,在人类历史发展过程中周而复始地出现。

洪灾也称为洪涝灾害或洪水灾害,是人类的发展与自然界产生矛盾的结果,其发生常常给人类的生存、社会的发展带来长久的负面影响,如人员伤亡、社会财产严重损失、经济发展衰退等。洪水灾害损失评估是对洪水自然特征和社会特征共同作用的研究。其中,洪水自然特征由洪水发生位置、时间、动态变化规律、影响范围及程度等描述;社会特征以洪水作用范围内人口、建筑物、各种经济指标,以及各产业区域分布、价值、发展速度,各类基础设施等指标表征。

近年来,在可持续发展的治水理念引导下,本着人与自然良性互动的治水模式,洪水管理、洪水复杂系统等研究方向得到了越来越多学者的关注。而洪水灾害损失评估以及进一步的洪灾灾情等级评估是系统研究中的一项基础工作。洪灾损失评估不仅要对致灾因子、孕灾环境等洪水自然特征的分析结果进行反映,还要预测一旦灾害发生,会出现什么程度的社会经济影响,并对洪泛区遭受不同强度洪水的损失情况进行定量评价和估计。它是新的治水观念下,洪泛区进行洪水风险管理、绘制风险图、制定防洪规划、进行洪灾等级评估,乃至进行洪水保险、洪灾补偿研究等一系列工作的前提。

5.1.2　洪灾损失评估研究内容及研究现状

根据洪水灾害演变时间历程,可以把洪水灾害损失评估的研究细化为三个方面:灾前预测评估、灾中实时快速评估以及灾后调查评估。灾前预测评估的研究主要是采用各种洪水演进模拟算法,对各种重现期洪水以及不同调度方案下的淹没区域进行估算,再依据淹没区域内的社会经济情况,对可能造成的经济损失、人员伤亡等做出测算。灾中实时快速评估发生在洪水过程中,是根据灾区洪水淹没实时遥感图像以及洪水预报结果,对洪水影响范围、受灾人口、迁移人口、社会经济等指标损失情况做出判断,并将测报的实际洪水水情信息和实测损失情况与损失估算值作对比,对期望值加以修正。灾后调查评估重在调查统计、上报和核实灾害的实际损失,为未来洪水灾害评估积累经验数据。以上方面主要是针对洪灾直接经济损失、间接经济损失和洪灾损失增长率的研究。洪水灾害直接经济损失是指直接由洪水导致的经济损失。目前,国内外关于这些方面的研究已经开展得十分普遍:魏一鸣等在对洪水灾害系统分析的基础上,提出了洪水灾害评估体系的总体设计框架以期能科学、合理、快速地评估洪水灾害;郑云鹤提出了分蓄洪区洪灾经济损失的估算方法;二十世纪六七十年代,随着遥感(RS)、地理信息系统(GIS)、全球定位系统(GPS)等空间信息技术的兴起和发展,带动了基于 3S 技术的洪灾损失评估方法的发展。Jonge 等研究人员利用 GIS 技术,建立了洪水灾害损失评估模型。荷兰的研究人员运用 GIS 手段进行了洪水的模拟,利用土地和以水深为变量的损失函数计算洪灾损失。由于实际的洪水灾害评估是一个极其复杂的问题:众多的影响因子使得洪水灾害具有极大的时空变异;自然地理背景条件复杂使得数据综合管理困难;人口、经济密度分布状况复杂使得对洪水灾害进行建模困难。因此,必须利用地理信息手段,发挥多学科的综合优势,才能做好这一工作。

5.1.3 洪灾损失评估原理

由于洪水灾害的致灾因素多种多样且易随时空变化而改变,因此影响洪灾损失的因素也非常复杂,对于不同地区、不同受灾对象,各种影响因素的作用大小不同。总的来说,洪水灾害损失评估问题属于水利经济问题范畴。洪灾损失评估涉及洪灾的自然属性和社会属性两方面的评估。自然属性包括区域环境和洪水特征量两方面。其中区域环境的影响因素分为地形地势、地质状况、土地利用状况等;洪水特征量分为分洪流量、水位、流速等。洪水的社会属性包括洪泛区经济特征、分布状况、洪水造成的直接经济损失和间接经济损失以及重建所需费用等。通用的洪灾损失评估模型应该能够充分反映三方面的问题,也就是能充分描述洪水灾害的自然属性以及社会属性特征;能综合利用现有的洪水特征信息;能够对不同条件下洪水灾害损失情况给出最优估算。

1. 洪灾损失评估通用函数

由上面分析可知,某一给定洪水事件在洪泛区内造成的损失函数的一般形式为

$$d = f(\boldsymbol{k}, \boldsymbol{y}) \tag{5-1}$$

式中:d 为研究区域范围内各种有形损失和无形损失之和;$\boldsymbol{k}$ 为研究区域内自然环境特征和社会经济因子描述;$\boldsymbol{y}$ 为洪水特性的描述,如水位、流速、洪水历时等元素组成的向量。该信息由水力学模型获得。

针对洪水淹没区域内特定的地理单元 i,式(5-1)可改写为

$$d_i = f(k_i, y_i) \tag{5-2}$$

式中:d_i 为第 i 个地理单元的损失总和;k_i 为向量 $\boldsymbol{k}$ 对于地理单元 i 的状态;y_i 为向量 $\boldsymbol{y}$ 在地理单元 i 的状态。

对淹没范围内的每一个地理单元采用式(5-2)进行计算,可以得到淹没区总淹没损失的一个估计值 d_R:

$$d_R = \sum_{i \in i_R} f(k_i, y_i) \tag{5-3}$$

式(5-3)即为洪泛区损失计算通用函数。

2. 分蓄洪区洪灾致灾因素分析

针对分蓄洪区这个特殊的洪灾损失评估对象来说,洪水灾害的社会因素主要由洪灾的承灾体类别及其分布状况决定。淹没区域内分布的各种地物及其固有属性的总和称为洪灾承灾体,例如居民地、农田、工业产区、道路以及人口状况等。这些因素反映为式(5-1)中的 k。

自然影响因素主要包括当地自然地形状况、分洪初始条件等。这些因素共同决定了分洪洪水的淹没水深、淹没范围、流速、洪水到达时间及淹没历时组成的直接致灾因子,也就是式(5-1)中的 y,推求 y 的过程就是对洪水淹没情况进行评价的过程。在分蓄洪区内,由于洪水量级决定了淹没区的水位,而洪水淹没水位是最为主要的致灾因素,也是最容易由水力学模型获得的变量。同样作为水力学变量的流速,虽然它的大小会影响对建筑物的冲蚀程度和农田的毁坏程度,但在同一洪泛区内,相同水位下的两次洪水流速差别几乎可以忽略,因此损失与洪水流速的关系可以近似用损失与水位的关系替代。同样,由于在分蓄洪区内,洪水的淹没时间一般长达几天,而损失与淹没历时的关系只在刚开始变化幅度较大,达到一定的淹没时间之后,损失变化情况不再随时间的变化而发生改变。因此根据分蓄洪区的实际情况,本节考虑一定淹没时间下,洪水水位对洪灾损失的影响。

根据上述分析,式(5-1)可以简化为

$$d = f(\boldsymbol{k}, z) \tag{5-4}$$

式中:z 为洪水水位。

以上分析说明:分蓄洪区洪水灾害损失主要由其辖域内社会经济发展情况和洪水水位决定。通过推求水位与洪水灾害分类损失量值之间的映射关系,结合社会经济分布状况,就能估算出洪水灾害各单项损失值,并最终求出总损失。

3. 分蓄洪区损失率研究

由于洪灾损失的组成结构十分复杂,既包括直接损失,又包括间接损失和无形损失,因此,我们不可能面面俱到。而在研究工作中,对洪水灾害直接经济损失的估算具有重大的现实意义。在综合考虑精度与计算量平衡的前提下,针对具体受灾对象类型,分类别进行损失估算。

建立社会经济损失情况与洪水淹没深度映射关系的过程就是确定损失率的过程。洪灾损失率的确定对于灾害损失计算十分重要。洪灾损失率通常指承灾体在洪灾中损失的价值量。洪灾损失与灾前正常年份各类承灾体原有价值量之比,是洪灾经济损失评估的一项重要指标。损失函数通常具有 S 曲线形状,开始时随着水位变化,损失值增加较缓,水位上升达到一定程度时损失值增加幅度变化很大,而等水位增加到一定高度后,损失情况又逐渐减缓,直至不再随水深的增加而变

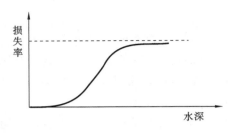

图 5-1 损失率与水深的关系趋势线

化,如图 5-1 所示。

影响洪灾损失率的因素主要包含地区类型、承灾体类别、淹没水深、淹没历时等。本节结合分蓄洪区淹没损失影响因素的特点,主要考虑淹没水深、承灾体类别与损失情况的关系。根据资料调查及模型计算需要,将淹没水深等级划分为六级,具体情况如表 5-1 所示。

表 5-1 淹没水深等级划分

水深范围/m	<0.5	0.5~1.0	1.0~2.0	2.0~3.0	3.0~4.0	>4.0
水深级别	浅水	较浅水	中水	较深水	深水	极深水

通过建立洪灾损失率与淹没水深、承灾体类型关系表,不同承灾体类型的不同淹没水深级别均对应不同的损失率。本节综合考虑荆江分蓄洪区的实际情况以及所具备的统计资料,通过对以往洪灾年份受灾区的受灾情况进行抽样调查,并参考、引用和移植相邻地区和相似区域的洪灾损失率调查情况,采用各行业分类别损失率模型,拟用农村房屋损失率、城镇房屋损失率、工业损失率、农林牧渔业损失率来开展洪灾损失评估工作。

5.1.4 基于 GIS 的洪灾损失评估方法研究

基于 GIS 的洪灾损失评估方法主要基于 GIS 对灾害数据的综合管理功能、强大空间分析功能以及图形化界面展示功能进行研究。GIS 在灾害损失评估中的作用如图 5-2 所示。

1. 运用 GIS 平台存储展示灾害数据

现实世界中信息的存储方式多种多样。对于地理信息系统来说,对数据的表达存在两种描述形式:连续形式和离散形式。以连续的世界观为基础发展起来的是基于栅格模型的 GIS,而在离散的世界观上发展起来的是基于矢量模型的 GIS。因此,地理信息系统的空间数据结构主要有矢量和栅格两种数据结构。此外,随着 GIS 理论与技术的不断发展,矢量栅格一体化的数据结构、镶嵌数据结构以及三维数据结构等许多新型空间数据结构被提出并逐渐发展完善。

矢量数据结构是利用几何学中的点、线、面及其各种组合体表达地理实体空间分布状况的一种数据组织结构。这种数据组织和表达方式对地理实体的空间分布特征描述精确,数据存储的冗余度低、精度高,有利于进行地理实体的网络分析,但

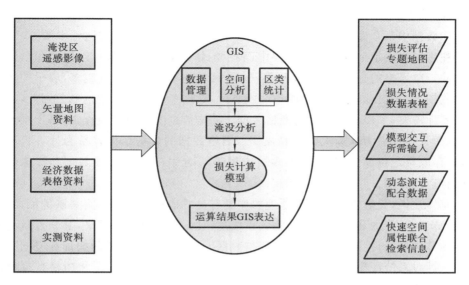

图 5-2　GIS 在灾害损失评估中的作用

其缺点是对多层空间数据的叠合分析支持性较差。矢量数据存储内容时,以几何空间坐标为标准,记录取样点坐标位置,支持利用最小的存储空间隐式地存储各种复杂数据。

栅格数据模型采用类似于数学矩阵的表示形式对地理实体和现象进行表示,将研究的空间范围(通常表示成矩阵)等间隔地划分成网格,这些形状大小一样的正方形网格构成了栅格数据模型的基本单元——单元格或像元(cell 或 pixel),单元格大小、空间位置、单元格的值等是栅格数据的基本要素。单元格或像元是代表区域中某个具体部分的一个正方形嵌块。在栅格模型中,单元格的大小反映的是对地理现象描述时采用的分辨率,需要根据分析要求或数据源确定,但在一个栅格模型中,栅格单元是规整的,所有栅格单元的大小一致。一个单元格是研究区域中的一个具体位置,在栅格数据模型中用笛卡尔坐标系中行和列的交叉确定位置,这样每个单元格有唯一的行地址和列地址。一个研究区域的所有位置都被单元格构成的矩阵完全覆盖。在特定位置上的单元格代表的实体或现象用相应的数值表示,以标识或描述单元格所属的实体类型、等级,或者栅格所代表的现象的数量特征等,如土地利用种类、水体类型、土壤结构、居住地类型等。同样单元格的数值也可以表示连续面上属性值的高低、单元格之间的距离和其他相互关系,例如高程、坡度、方位等连续表面的例子。

栅格数据一般可以分为两类:主题数据和图像数据。主题栅格数据代表了一些可以测量的量或者某一特殊现象的分类,如高程、土地类型或者人口数量。例如,在本节中,采用的土地利用类型分类栅格,数值 1 代表耕地,数值 5 代表水体。而图像数据中每个栅格单元的值代表了光或者能量的实际值,如遥感影像等。

在用栅格表示地理实体的过程中,表示的精度取决于数据的比例尺和单元格的尺寸。单元格的分辨率越高,表示一个小区域的单元格数量就越多,表示的精确度也就越高,相应地,花费的存储空间就越大,数据存取效率也就越低。因此,需要根据实际需要,采用不同精度的栅格数据。栅格数据的阵列方式直观,易于维护和修改,而且很容易为计算机存储和操作。栅格数据的数据结构容易为计算机所理解,且存取及定位算法简单,因而多被应用于 GIS 中,参与 DEM 数据和影像数据的联合空间分析。

总体来说,矢量方式表达的地理数据具有显式地建立目标空间关系的能力,适合用于实体对象的几何转换及拓扑关系描述,且图形输入效率较高,其缺点是叠加分析的算法复杂,空间分析效率低;栅格数据模型能进行高效率的叠加和空间分析操作。针对系统高精度和高效率的需求,本节决定采用矢量数据和栅格数据模型结合的方式进行洪灾评估。

在进行洪灾评估过程中,需要采用 GIS 平台存储和表达分蓄洪区的地形地貌、土地利用类型、行政区划,以及二维洪水演进过程中的水深、流速等信息;在实际应用中,还应结合洪泛区实时遥感影像,获得真实的洪水淹没信息;并利用现代遥感技术,进行承灾体提取,以达到快速、高精度的数据获取需求。在此过程中,综合考虑存储代价、运算效率、显示效果,分别采用矢量和栅格的形式存储相应数据。具体存储方式和存储内容如下。

(1)矢量数据形式存储:示范区行政区划数据、城镇中心点、主要防洪工作等。

(2)栅格数据形式存储:示范区土地利用类型;各时刻淹没水深、流速;区域平均最大水深、平均最大流速;区域 DEM 高程;区域高程相对标准差;区域遥感影像等。

(3)图层属性数据形式存储:各行政区经济人口的统计表格,以行政区划矢量图层的属性数据形式存储。

2. 运用空间分析建模进行淹没评价

GIS 技术自诞生以来,对描述灾害信息的空间分布提供了极大的技术支持。它是空间信息采集、管理、分析和表示的有效技术工具。应用空间分析方法能够揭示出比数据本身更多的信息和知识;可以用来研究地理对象或相关现象的空间分布、动态演化过程、相互之间的作用方式,从而更充分地理解信息。在地理学中,有着至少四种空间分析概念,分别是空间数据操作、空间数据分析、空间统计分析和空间建模,它们之间相互联系又各有所侧重,在应用中很难给出严格的区分界限。

在运用 GIS 空间分析技术进行洪灾损失评估的研究过程中,充分体现了空间分析四个方面的内容:首先将数据在 GIS 环境中存储并进行数据可视化表达;然后深层次分析需求,并提出问题,将描述和探索性的空间数据分析技术综合运用,构建相应的分析模型;接着在分析模型的基础上通过空间统计的方法建立统计模型,得到所需的统计数据;最后在理论指导下对特定问题进行空间分析和结果预测。

GIS 空间分析的目的主要是从现有数据的空间关系中挖掘新的信息。随着 GIS 技术的不断进步,空间分析逐渐成为地理信息系统的核心,是地理信息系统区别于一般空间数据库和普通制图系统的标志。Goodchild 认为,从某种意义上来讲,空间分析与 GIS 的关系类似统计学与统计软件包之间的关系。GIS 中一般的空间分析主要指空间数据操作,一般包括缓冲区分析、包含分析、叠加分析、路径分析,以及基于空间位置关系的空间查询等简单的分析操作;而更进一步的空间统计分析是指用统计的方法描述和解释空间数据的性质。这里的统计方法是与传统的统计模型完全不同的空间统计方法。由于描述地理现象的空间数据具有空间相关性,这一特征违背了传统统计理论的独立性假设,因此发展了专门用于空间数据分析的空间统计方法,针对空间数据采用新的理论来测度空间相关性并对数据进行统计分析。

而在空间数据分析方法上,早期发展起来的很多空间分析方法都是以矢量数据模型为基础的;由于栅格数据模型的重要作用,后续的 GIS 技术和平台都集成了基于栅格的空间分析模块。栅格分析方法的重要基础是 Tomlin 提出和建立的地图代数方法,在这一方法中建立了基于栅格单元的运算方法和规则,使得地理要素能够进行代数运算。同时在地图代数的基础上,建立了局部函数、邻域函数、焦函数、全局函数等地理分析函数,并形成了一套空间建模方法。

本节基于 GIS 空间分析功能进行淹没评价时,采用了基于地图代数的栅格分析方法。具体应用有以下三个方面。

第一,对描述同一地理位置不同时期的水深变化数据进行纵向统计分析,揭示了某一地理栅格点在不同时刻的水深、流速等变化规律,如最大/最小值、平均值、标准差、历时等,并以栅格形式存储分析结果,易于查询和展示。

第二,综合运用邻域函数、焦函数对示范区原有 DEM 高程数据、植被覆盖数据等进行地图代数运算,得到平均高程标准差、植被覆盖率等数据。并最终结合示范区行政区划,进行区类统计,按照实际需求求得各行政区划内对应数据的各类统计值。

第三,创新运用栅格计算方法,突破单一栅格数据只能携带一种单一主题信息,例如土地利用信息、土壤信息、道路级别或者高程信息,若想要创建描述整个区域的多重信息模型,需要用复合栅格数据集实现限制。将土地利用类型栅格图层以及各时刻淹没信息栅格图层所携带的信息通过运算,以一定的格式,写入各时刻淹没分析栅格图层中。分析过程简单、易行,便于批量操作,为淹没过程中的动态淹没分析奠定了基础。

3. 运用 GIS 工具建立经济人口分布模型

经济人口分布模型的建立在灾害评估的研究中一直是比较重要又较难进行的一项工作。由于影响经济人口分布的因素众多,且不同地区的各影响因素权重不同,难以建立统一的经济人口分布模型。而在人口分布方面,有学者根据农耕用地的分布状况,以及人口分布与耕地分布的相关性,建立了中国人口分布模型。也有学者根据坡度、公路状况、土地覆盖情况和夜光卫星影像等因素综合计算概率系数模拟栅格上的人口分布。

在经济人口数据空间展布问题上,由于统计部门获得的资料都是以行政单元为单位进行统计的,不能反映基本统计单元内部的人口经济数据空间分布状况;加上洪水淹没范围的不规则性,决定了它与评价区域行政边界大都是不重合的,淹没洪水可能只覆盖特定行政区划范围内的一部分地区;而在进行洪灾损失评估时,需要对洪水到达的各栅格单元格内的损失情况进行评估。因此,粗略的经济人口统计数据不能满足精细的损失评估数据要求,需要对其进行分布状况估计,将行政单元内的各种经济人口数据按照一定的规则分配到各个详细的评价单元内。

借助现代技术手段,通过遥感和 GIS 技术,可以快速、经济、准确地获取示范区土地利用类型信息;借助土地利用类型,将行政单元内的经济数据,根据其单元内土地类型分布特性,展布其上;可以较为准确地反映社会经济数据的空间分布特征。

5.1.5 基于 GIS 的损失评估工作流程

由分蓄洪区洪灾损失评估的原理可知,进行分蓄洪区洪灾损失评估工作,需要以下三大类信息。

(1)分洪淹没情况信息。

(2)经济人口数据分布情况信息。

(3)分行业损失率信息。

上述三类信息中,分洪淹没情况信息和经济人口数据分布情况信息可以借助GIS 手段进行模拟得到,分行业损失率信息可以由历史资料调查分析获得。本节提出的损失评估模型利用水动力学模型模拟分洪淹没过程,并借助 GIS 手段进行具体分析;在 GIS 平台上,分析并模拟了经济人口数据空间分布;结合灾害损失率数据库,进行分蓄洪区分行业损失评估。损失评估工作流程如图 5-3 所示。

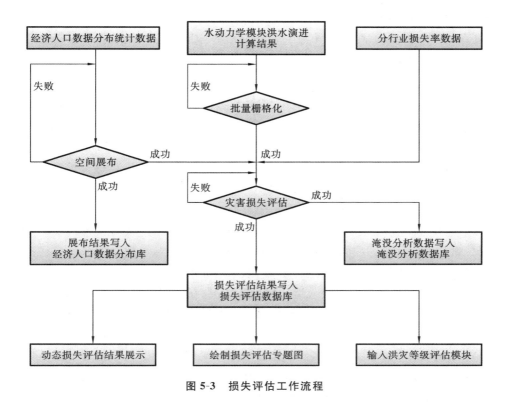

图 5-3 损失评估工作流程

5.2 基于 GIS 的洪水灾害损失动态评估模型

该模型主要分为三个模型:动态淹没分析模型、洪灾损失计算模型以及洪灾损失动态评估模型。

5.2.1 动态淹没分析模型

淹没区域的分析对象是研究区域内的栅格单元。用栅格方式存储数据和进行分析的原因是栅格数据结构简单,各种要素都可用其规则格网和相应的属性进行表示,且不会出现矢量数据多层叠置后精度不同导致边缘不吻合的情况。经过分析处理之后的栅格用于标示栅格单元的行列号不变,只是增加了栅格属性表的长度。对栅格数据进行单元分析的效率远高于矢量数据,且空间分析模块允许在同一数据库中存储和分析不同精度的栅格数据集。因此,采用栅格数据格式以不同精度存储不同类型的信息,既满足了分析的需要,又最大限度地节省了存储空间。

1. 淹没分析数据前处理

进行栅格数据淹没分析前主要进行以下两部分工作。

(1) 开展多源数据清洗融合工作:使各数据层具有统一的地理空间参考系(包括地图投影、椭球体、基准面等),再剔除冗余的信息,对多义信息进行标准化挖掘。

(2) 对基础数据进行栅格处理:设定统一的栅格单元尺寸,对地形数据、水深数据、土地利用类型数据进行叠加分析,采用面积加权法概化得到每个栅格单元内的高程值、淹没水深值与土地利用类型。

对洪水淹没过程的分析,有以下三个方面的主要内容。

(1) 分析区域本身的地形地貌特征,以深层次地挖掘区域内致灾因子的分布状况,更全面地反映区域的淹没特性。这个分析过程是对基础数据图层进行数据挖掘,以期产生可反映洪水危险程度的新数据层的过程。

(2) 结合区域高程及主要人造工程分布情况,在一定淹没模型算法的支持下,进行洪水演进模拟,并结合洪水模拟结果以及区域社会信息分布状况,进行洪水灾害自然属性及社会属性的联合定量分析。这也就是真正意义上的洪水淹没特性分析,此过程的分析结果随着洪水模拟淹没情况的变化而变化,淹没动态分析就体现于此,它也是洪灾损失动态评估模型进行动态损失评估的前提。

(3) 结合区域社会经济统计资料以及区域土地利用信息,对经济数据进行空间分布特性分析,也就是利用 GIS 工具建立经济人口分布模型。

下面将详细介绍三种分析功能的设计。

2. 区域地形特征分析

分析区域本身的地形地貌特征,以深层次地挖掘区域内致灾因子的分布状况,更全面地反映区域的淹没特性。这个分析过程是对基础数据图层进行数据挖掘,以期产生可反映洪水危险程度的新数据层的过程。

对区域本身地形地貌特征分析主要是对数据本身分析,即对区域 DEM 地形分析,有时也需要嵌套区域行政区划分布,进行基于行政区划的地形特征宏观分析。区域地形特征分析原理如图 5-4 所示。

(1) 平均高程:在区域 DEM 数据的基础上,嵌套行政区划矢量图层,进行区类统计,可得到研究区域行政区划层面上的各评价单元高程平均值。

(2) 高程相对标准差:在考虑地形对洪水的影响时,地形的变化程度是一个重要的因素,高程相对标准差这个指标是对某栅格单元周围辐射区域高程值的统计,它能有效地反映该栅格点周围的高程变化剧烈情况。从宏观来看,它表征的是某

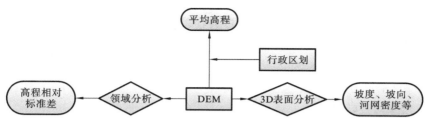

图 5-4　区域地形特征分析原理

处地形的起伏状况,是反映洪水致灾因子的重要指标。计算高程相对标准差是在区域 DEM 的基础上,进行邻域分析。在地形起伏不大的情况下,用区域高程相对标准差取代坡度指标,能更精确反映各点的地形起伏剧烈程度。

计算高程相对标准差时的邻域分析实质是一种邻域变换算法,该算法输出栅格层的像元值主要与本栅格单元在同一图层内的相邻单元值有关;在计算时,将某一像元看作中心点,在可选定的自定义范围内围绕它的网格可以视之为它的辐射范围,此中心点的值取决于采用何种计算方法对周围格网的值进行计算,并将值赋给中心点;计算过程中,中心点的位置从一个像元移至另一个像元,直至所有像元都被访问到。邻域分析也称为窗口分析,主要在栅格数据模型的分析中应用。地理要素自身的特点决定了其空间上存在着一定的关联性。对于栅格数据来说,它所描述的某项地学要素(I,J)栅格的内容,往往对其周围栅格的属性特征产生影响。邻域分析正是对应地理要素的此种特点而产生的,其分析方法是对栅格数据系统中的一个、多个栅格点或者全部数据,首先开辟一个分析窗口,此窗口具有固定的分析半径,然后在该窗口内进行诸如最大/最小值、均值等一系列统计运算,从而实现栅格数据有效水平方向扩展分析。

GIS 支持的几种邻域分析窗口类型如图 5-5 所示。

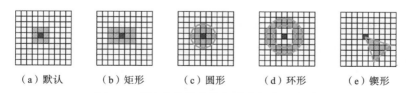

（a）默认　　（b）矩形　　（c）圆形　　（d）环形　　（e）锲形
图 5-5　GIS 支持的几种邻域分析窗口类型

在 Arc Map 中,邻域分析功能所支持的各类算子有多数、少数、最大值、最小值、均值、中值、范围、总数、标准差、焦点流等。

（3）坡度、坡向、河网密度:利用 GIS 的表面分析工具,对区域 DEM 数据进行分析,得到区域坡度栅格、坡向栅格;在进行河网提取时,GIS 基于洼地填充、汇流分析的河网提取方法对 DEM 起伏较大的地区及人类活动对地貌影响较小的地区比较适应;对于分蓄洪区而言,由于地形起伏不大,且有人工建筑的沟渠或分水渠等闭合洼地地区,因此采用此方法进行荆江分蓄洪区的水系提取效果不佳。而荆江地区有较为清晰的遥感影像资料,采用配合目视解译的遥感影像分类提取方法提取河网水系较为合理。

3. 洪水淹没特性分析

对洪水淹没特性的分析主要是基于淹没时间序列栅格数据组的纵向分析,以及基于淹没栅格与土地利用栅格以及行政区划矢量数据的联合分析,分析原理如图 5-6 所示。

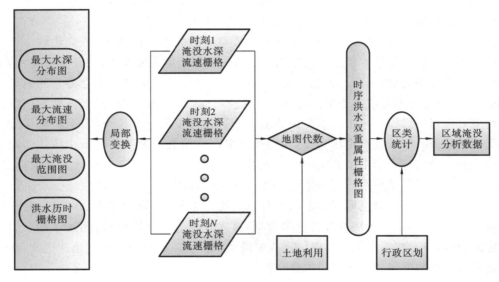

图 5-6　洪灾淹没特性分析原理

1) 基于淹没水深栅格组的纵向局部分析

对淹没水深栅格组的纵向局部分析主要采用空间分析中的局部变换方法。局部变换的特征是每一个栅格单元经过局部变换后的输出值与围绕该像元的其他像元值无关,只与这个像元本身有关。局部变换的处理对象可以是单元数据层,也可以是同一地理区域的多个数据层。如果输入是单层栅格数据,则变换的过程以输入栅格像元值的函数呈现;如果是多层栅格数据,那么局部变换可以有很多形式,既可以把某些层当作运算栅格层,进行数学运算,又可以对多个单元层进行概要统计,即输出栅格层的像元值由多个输入栅格层每层之中对应位置的像元值的概要统计值得到,包括最大值、最小值、总和、值域、中值、平均值、标准差等。利用局部变换可以把输入栅格整合起来;按要求计算这些栅格数据组的统计值,并以此统计值为标准,确定输出栅格图形每一个格网的值。

在对洪水淹没栅格组进行局部变化分析后,可以得到所有栅格的特定统计信息,在洪灾风险分析中,由于最大量决定了洪灾影响的最大程度,所以我们只关心淹没区域的最大水深分布特征、最大流速分布特征、最大淹没范围分布特征。对淹没水深栅格组进行如下算子的运算,即可快速得到所需结果。

最大值算子:最大水深分布图、最大流速分布图、最大淹没范围图。

求总数算子:洪水历时栅格图。

（1）由最大值算子求最大水深、流速、淹没范围,是对所有水深栅格图层中某特定坐标位置的栅格点的值进行最大值函数运算,从而得到该栅格点的值的最大情况,将该值写入输出图层中对应位置的栅格点,作为新图层对应栅格点的值。依次遍历水深栅格中每个坐标对应位置的栅格,即可得到以最大值为栅格值的图层。

（2）通过求总数算子求洪水历时栅格图,其原理是:每个时刻的淹没水深栅格图中的栅格值记录了该点在该时刻的水深,我们认为,水深不等于 0 时,该栅格点被淹没;基于此原理,统计同一个位置的栅格点在多个时刻水深不等于 0 的次数,然后乘以各个时刻之间的时间间隔,即可求得该栅格点在此次淹没过程中总的淹没历时。

2）基于淹没栅格、土地利用栅格以及行政区划矢量数据的联合空间分析

基于淹没栅格、土地利用栅格以及行政区划矢量数据的联合空间分析方法是洪灾淹没动态分析模型设计的核心内容。由于洪水动态演进仿真模型运算结果携带的信息量很大,在按照相同时间间隔进行的仿真演进中,要配合进行淹没分析与损失评估,要求做到以下两点。

（1）动态淹没分析模型应具有很高的运算效率,能够在短时间内迅速消化处理每一帧的洪水演进仿真数据,并结合经济人口数据进行损失评估。

（2）由于洪水演进仿真对数据的存取频繁,且内存消耗量大,因此配合进行的损失评估需要在不降低数据分析精度的情况下尽量减少数据的存取频度。

基于以上两点要求,本节设计的联合空间分析模型放弃了常规的基于矢量数据的图层叠加分析方法,采取栅格数据地图代数运算的高效运算形式,运算生成洪水双重属性联合分析栅格;后续的联合分析模型针对此栅格组进行。该方法既保证了分析数据的全面性和精度,又提高了运算效率,减少了数据存取频度。

栅格地图代数运算的机理如下:由于每层栅格数据只能携带单一类型的信息,因此未进行运算之前,淹没水深图层和示范区土地利用图层所表示的信息只能存在于各自的独立图层中,无法按需要进行区域统计操作。模型巧妙地采用地图代数运算方法,对栅格数值进行移位相加操作,运算后生成的新图层的栅格值为 2 位

数字,第一位携带土地利用类型值,第二位携带水深级别值;采用此方法有效避免了叠加分析操作需要对多个图层反复读取带来的数据存取效率不高的缺点,运算效率高、成本低,符合动态淹没分析时对运算速度、存取效率的高要求,适合批量分析操作。

在此子模型中,时序洪水双重属性栅格图的每个栅格单元值均携带两位数值信息:XY。

X:代表该栅格所在区域的社会属性,在此处为承灾体的类型属性,分为乡村居民区、城镇居民区、耕地、林地、坑塘湖泊、荒地六类。

Y:代表该栅格所在区域的自然属性,在此处为淹没水深的级别属性,分为小于 0.001 m 的水(不参与计算)、0.001~0.5 m 的浅水、0.5~1 m 的较浅水、1~2 m 的较深水、2~3 m 的深水、3~4 m 的大水、4~8 m 的超大水七类。

在实际模型运行中,洪水演进每运行一帧,模型就对此水深栅格以及示范区土地利用栅格进行一次地图代数运算,生成该时刻的综合分析栅格,下一步针对综合分析栅格进行区类统计,统计每个行政区划内,每一种类型的土地利用类型,每一级淹没水深下的淹没面积,并生成统计分析表格,经过表格信息过滤、重映射,输出到淹没分析数据库。

4. 社会经济数据空间分布特性分析

对社会经济数据空间分布特性分析主要是基于矢量栅格数据的一体化分析,涉及以矢量数据形式存在的行政区划数据,以及以栅格形式存在的土地利用数据,还涉及以图层属性形式存储的经济人口统计数据,分析原理如图 5-7 所示。

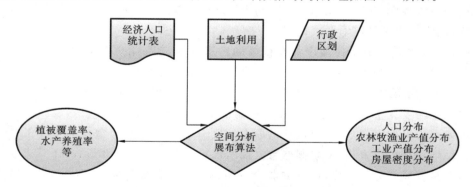

图 5-7 社会经济数据空间分布特性分析原理

进行社会经济数据空间分布特性分析的关键是点对点地确定每一个栅格内,需要进行展布的经济数据类型。这也是空间展布分析算法的核心。

根据示范区土地利用类型及经济分布状况的研究结果,本节结合示范区土地利用资料,将土地利用类型分为七类,分别是乡村居民地、城镇居民地、工业用地、耕地、林地、草地、湖泊水体。经济数据具体展布方法如下:农业人口以及农村房屋数量展布在乡村居民地;城镇人口以及城镇房屋数量展布到城镇居民地;工业总产值展布到工业用地;种植业总产值展布到耕地;林业总产值展布到林地;牧业总产值展布到草地;渔业总产值展布到湖泊水体。展布公式为

$$D_{ij} = \frac{V_{ij}}{A_{ik}} \qquad\qquad (5\text{-}5)$$

式中:D_{ij} 为第 i 个行政区划,第 j 类人口经济统计指标的分布密度;V_{ij} 为第 i 个行政区划,第 j 类人口经济统计指标总值(包括农业人口数、非农业人口数、房屋数量、工业产值、农林牧渔业产值等);A_{ik} 为第 i 个行政区划内,第 k 类土地类型(包括城乡居民地、工业用地、耕地、林地、草地、湖泊水体等)的总面积。

经过空间展布分析运算,可得到每个行政区划内人口分布、房屋分布、各类经济指标的分布状况。将运算结果存放在社会经济数据空间展布数据库中,其中每个指标的分布状况以分布的地理位置为存储索引,以指标的分布密度为存储值。

5.2.2　洪灾损失计算模型

1. 损失计算模型设计

由于分蓄洪区地域的特殊性,开闸分洪前会有预警,一般可避免人员伤亡。因此,分蓄洪区损失评估主要研究各类经济损失及房屋等不动产的损失情况。对第 2 章提出的洪灾损失通用评估函数,有两种估算方法:一是利用当地洪灾损失的历史调查资料估算经验水位-损失函数;二是利用地形图和实际调查资料研判水位-损失关系。相比较而言,在历史资料较为完备的情况下,第一类方法的优点显而易见,通过调查不同类别承灾体在不同淹没水位下的损失情况,可以抽象出承灾体-水位-损失率的对应关系,进而建立分蓄洪区洪灾损失评估模型,计算出分洪损失情况。

针对受淹区域社会经济指标计算的空间分布不均匀性和洪水分布特性的强不规则性问题,本节在分蓄洪区淹没分析中设计了基于 GIS 的社会经济数据空间展布模型,分析了洪涝水体的空间分布信息获取和计算方法,在此基础上结合 GIS 淹没分析模型,提出了基于 GIS 栅格数据空间分析的洪涝灾害损失评估模型。模型中应用的主要参数包括示范区分类别淹没分析数据库、损失率数据库以及经济人口空间分布数据库。综合考虑社会经济数据指标的展布和洪水分布特性,洪水灾害损失评估模型的计算公式如下:

$$W_j = \sum_i \sum_j \sum_k \sum_m \alpha_i B_{ij} \eta_{jkm} \qquad\qquad (5\text{-}6)$$

式中:W_j 为第 j 类承灾体对应经济指标的损失值;B_{ij} 为第 i 个洪水单元、第 j 类承灾体(包括工业、农业、林牧渔业等)受灾前的价值或该洪水单元内房屋受灾前的数目;η_{jkm} 为第 j 种承灾体、第 k 级水深、第 m 级淹没历时的损失率;α_i 表征评估单元类型,即

$$\alpha_i = \begin{cases} 1, & \text{单元类型为城市或农村居民地、耕地、林牧渔业用地等} \\ 0, & \text{单位类型为未利用土地或原水体等} \end{cases} \quad (5\text{-}7)$$

在计算受灾人口指标时,本节根据土地利用情况,得到居民地分布状况,将人口信息展布其上,然后根据淹没分析情况,计算受灾人口,计算过程示意图如图 5-8 所示。

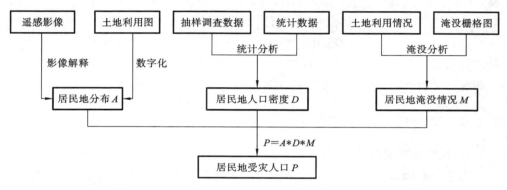

图 5-8　受灾人口计算过程示意图

2. 基于淹没分析的洪灾损失计算

洪灾损失计算指标如下。

(1)受灾面积:指洪水进入城镇或农田,造成人们正常工作生活秩序受到影响,或者造成经济损失的面积。

(2)受灾人口:指遭受洪涝灾害造成直接经济损失的人数。

(3)房屋损失:指主要结构(墙体、屋顶)局部损坏的房屋数量和面积,以间或者平方米计。

(4)农林牧渔业直接经济损失:指洪涝灾害对农林牧渔业造成的直接经济损失。直接经济损失是由洪水淹没造成的损失,如农林牧渔业减产或绝收,房屋、设备损坏,工厂/企业生产损失等。间接损失是由直接损失而引起的损失。

直接经济损失计算流程如图 5-9 所示。基于淹没分析的栅格单元直接经济损失计算步骤如下。

(1)读取栅格单元的值,根据栅格单元值,判断联合属性标志位 XY。

(2)$X*Y>0$,转第(3)步;$X*Y=0$,则该栅格单元损失值为 0,转第(6)步。

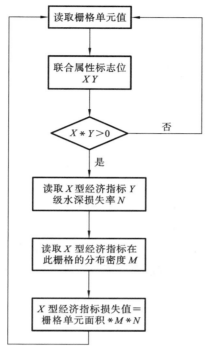

图 5-9　直接经济损失计算流程

（3）读取 X 型经济指标 Y 级水深损失率 N。

（4）读取 X 型经济指标在此栅格的分布密度 M。

（5）计算损失情况，X 型经济指标损失值＝栅格单元面积 $* M * N$。

（6）下一个栅格单元。

（7）依次遍历所有栅格单元，计算每个栅格单元的损失类型及损失值。最后嵌套区域行政区划图层，进行区类统计，得到该行政区划所有经济类型的总损失值。

5.2.3　洪灾损失动态评估模型

1. 模型设计

在基于 GIS 的灾害评估研究方面，利用如水文预报模型、水动力学模型、洪灾淹没损失评价模型、风险等级评价模型等专业模型，结合 GIS 系统进行实时计算，可以达到快速获得评价结果的目的，为灾中、灾后的救灾及重建工作提供决策支持。GIS 平台不仅为其他模型输入数据的快速获取提供了渠道，也凭借其强大的空间分析功能,明显地减少了手工处理信息的时间损耗;而作为 GIS 重要特点的强大的数据表达能力,使表达数据和预测结果的手段更加直观和形象。

目前,专业模型与 GIS 集成应用的范例越来越多,在 GIS 软件与专业模型相结合的方式上,可以分为两大类:一类是基于组件的嵌入式耦合,即利用组件开发技术,将专业模型封装成一个组件,作为 GIS 系统的一部分,GIS 的通用功能组件与应用专业模型组件具有公用的数据环境和操作平台,并以统一的用户界面与用户进行交互,这种方式的优点是充分利用 GIS 的各种功能,缺点是开发方式不够灵活;另一类是基于数据交换的松散耦合方式,GIS 与专业模型相对独立,在两个相对独立的 GIS 软件和专业模型之间增加数据交换接口,使专业模型及相关模型影响因素和模型分析处理结果能够在 GIS 中以各种简单的或者复杂的图形、属性表等方式显示出来,并辅以空间位置信息支持。

本节设计的洪灾损失动态评估模型采用基于数据交换的松散耦合设计方式,模型主要分为两大模块:动态淹没分析模块、损失计算模块。动态淹没分析模块基于 GIS 空间分析功能设计实现,损失计算模块采用软件编程方式实现,这两个模块之间的交互通过数据库存取实现。空间属性数据综合管理模块主要实现空间属性数据的动态展示和维护。模型设计如图 5-10 所示。

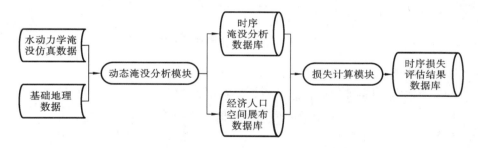

图 5-10 洪灾损失动态评估模型

本节所设计的洪灾损失动态评估模型的动态特性主要体现在:动态淹没过程分析以及基于其上的损失计算。整个评估过程采用水动力学进行洪水演进计算,在水动力学模型运算结束后,首先以洪水演进时间为索引,对淹没数据进行读取并且批量栅格化;然后依次将淹没栅格数据输入动态淹没分析模块,按时间节点顺序进行淹没分析,并将结果输出到动态淹没分析数据库;最后,损失计算模块以洪水演进时间为索引,读取批量淹没分析数据库中的淹没数据,并进行损失计算。整个评估过程可以反映洪水演进过程中的损失变化情况,每个时间节点的淹没情况和损失情况一一对应,在最终结果展示时,以演进时间为索引读取评估结果,实现了二维洪水演进过程中的洪灾损失动态评估。

2. 数据需求

以上分洪淹没动态分析模型所需数据分为分蓄洪区下垫面基础信息数据、洪水演进结果数据、社会经济统计数据三大类。具体情况列表如下。

（1）下垫面基础信息数据。

① 区域 DEM 高程数据。

② 区域行政区划图，矢量形式，用作掩膜图层。

③ 区域土地利用情况图，栅格形式。

（2）洪水演进结果数据。

① 研究区域时序水深分布栅格。

② 研究区域时序流速分布栅格。

（3）社会经济统计数据。

① 行政区划级别、名称。

② 各行政区划人口、农林牧渔业生产总值、工业生产总值。

数据来源：研究区域 DEM 地形图及社会经济统计数据，从相关单位获得；区域土地利用情况图，需使用交互式目视解译法对所得的遥感数据进行分析处理获得；洪水动态演进结果栅格，由二维水动力学模型计算得到节点文本数据，再由 GIS 进行转换处理，最终得到所需栅格形式。

5.3　洪水灾情多级综合评价理论与方法

洪水灾害等级评估是一个复杂高维时空尺度、多场耦合、多级灾情指标映射的系统工程，是制订防灾、减灾方案的重要依据和基础。本节综合考虑洪水成灾机制的复杂性、演化过程的随机性、致灾因子的耦合性、孕灾环境和承灾体的时变性，通过解析灾害承载对象对不同致灾因子的动态响应规律，分析不同灾情因子的不确定性及强耦合性，建立洪水灾害损失评价的指标体系，深入分析并探究洪水灾害影响因素的模糊性和层次性，结合灰色关联分析、模糊理论以及层次分析法研究洪水灾情多级模糊综合评判模型，提出基于模糊聚类迭代的多判据评判方法，有效解决了洪水灾害多级模糊综合评判模型结构优化与参数反演率定的科学难题；同时，通过引入支持向量回归建模方法，揭示了洪水诱发洪水灾情与灾害等级之间的正相关映射规律，建立了基于改进差分进化、投影寻踪、云模型、支持向量机等先进理论与方法的洪灾损失等级评估模型，解析了灾害评估模型与实际灾情的耦合关系，丰富和发展了不确定条件下洪水灾害等级快速评估与灾情综合评价的理论与方法体系。

5.3.1 基于模糊聚类迭代的洪水灾害评估方法

1. 模糊聚类迭代模型

模糊聚类迭代的核心思想是通过聚类算法将样本空间的样本聚集在若干个聚类中心附近,通过生成的模糊聚类矩阵中各样本对各类别的相对隶属度来判别各样本的归属问题。可以通过求解隶属度对聚类中心的加权广义欧式距离的平方和最小化优化问题来得到最优模糊聚类矩阵。构造如下目标函数:

$$\min\left\{ F(\boldsymbol{w}_i, \boldsymbol{u}_{hj}, \boldsymbol{s}_{ih}) = \sum_{j=1}^{n} \sum_{h=1}^{c} \boldsymbol{u}_{hj} \left[\| \boldsymbol{w}_i (\boldsymbol{r}_{ij} - \boldsymbol{s}_{ih}) \| \right]^2 \right\} \tag{5-8}$$

式中:$\boldsymbol{w}_i$、$\boldsymbol{s}_{ih}$、$\boldsymbol{u}_{hj}$ 分别表示指标权向量、类别 h 指标 i 的特征值规格化数和样本 j 归属类别 h 的相对隶属度。其中 w_i 满足以下约束条件:

$$\boldsymbol{w} = (w_1, w_2, \cdots, w_m)^{\mathrm{T}}, \qquad \sum_{i=1}^{m} w_i = 1 \tag{5-9}$$

可以用拉格朗日函数法求出模糊聚类中心矩阵($\boldsymbol{s}_{ih}$)和模糊聚类矩阵 $\boldsymbol{u}_{hj}$:

$$\boldsymbol{s}_{ih} = \sum_{j=1}^{n} \boldsymbol{u}_{hj}^2 \boldsymbol{w}_i^2 \boldsymbol{r}_{ij} \bigg/ \sum_{j=1}^{n} \boldsymbol{u}_{hj}^2 \boldsymbol{w}_i^2 \tag{5-10}$$

$$\boldsymbol{u}_{hj} = \left[\sum_{k=1}^{c} \frac{\sum\limits_{i=1}^{m} \left[\boldsymbol{w}_i (\boldsymbol{r}_{ij} - \boldsymbol{s}_{ih}) \right]^2}{\sum\limits_{i=1}^{m} \left[\boldsymbol{w}_i (\boldsymbol{r}_{ij} - \boldsymbol{s}_{ik}) \right]^2} \right]^{-1} \tag{5-11}$$

目标函数式(5-8)是一个有约束优化问题的式子,通常采用罚函数法来处理等式约束条件,但是惩罚函数的惩罚因子的设置对目标函数的优化效果影响较大,必须反复试验才能获得较优的惩罚因子,并且样本集变化后,最优惩罚因子也会变化,这样极不方便且不确定性较高。因此可采用比例调整法来处理约束条件问题。其原理是:若指标权向量 $w_i(t)$ 不满足约束条件式(5-9),则按照每一权向量在权向量之和中所占的比例减去分摊在该权向量上超出的部分或者叠加上分摊在该权向量上缺少的部分,使其强制满足约束条件式(5-9)。经该处理方法调整后的指标权向量满足了约束条件,且模型计算中各指标的影响又因为所占比例不变而未发生变化。具体调整按下式进行:

$$w'_{i,j}(t) = w'_{i,j}(t) + \frac{\left(1 - \sum\limits_{j=1}^{d} w'_{i,j}(t)\right) w'_{i,j}(t)}{\sum\limits_{j=1}^{d} w'_{i,j}(t)} \tag{5-12}$$

2. 核函数

通过对模式识别理论的分析可知,用非线性映射函数可将线性不可分的低维样本空间投影到线性可分的高维特征空间。直接采用这种技术在高维空间进行分类或回归的最大难点在于高维特征空间运算存在"维数灾难"问题,除此之外还需要确定许多相关参数。核函数技术是一种合适的求解途径,其基本思想是利用 Mercer 核将样本映射到特征空间,使处理后的样本更适合聚类运算。

设 $x, y \in X, X \subseteq R^n, \Phi(x)$ 函数描述样本空间 X 映射到特征空间 F 的方式,其中 $F \in R^m, n \ll m$,则有

$$K(x, y) = \Phi(x) \cdot \Phi(y) \tag{5-13}$$

由上式可知,核函数通过核映射将样本空间映射到高维特征空间,并在高维特征空间推求线性回归方程,使处理后的样本更适合聚类运算,能有效提高聚类效果和聚类准确率,且其计算复杂度不会随着特征空间维数的增加而有明显的变化。

选取核函数的唯一条件就是必须满足 Mercer 定理。Mercer 定理概述成: $r(x)$ 若平方可积,且满足:

$$\iint\limits_{L_2 \leftarrow L_2} K(x, y) r(x) r(y) \mathrm{d}x \mathrm{d}y \geqslant 0 \tag{5-14}$$

则可以根据特征函数 $\Phi(x)$ 和特征值 λ_i 得到核函数表达式:

$$K(x, y) = \sum_{i=1}^{N_H} \lambda_i \Phi_i(x) \cdot \Phi_i(y) \tag{5-15}$$

常见的核函数如下。

(1) 多项式核函数: $K(x, x_i) = (x \cdot x_i + 1)^d, d = 1, 2, \cdots, N$。

(2) 高斯核函数: $K(x, x_i) = \exp\left(-\dfrac{\| x - x_i \|^2}{2\sigma^2}\right)$。

(3) 两层神经网络 sigmoidal 核函数: $K(x, x_i) = \tanh(-b(x \cdot y) - c)$,其中 b、c 是自定义参数。

3. 加权模糊核聚类模型

基于加权模糊核聚类算法(Weighted Fuzzy Kernel Clustering Algorithm, WFKCA)的加权模糊核模型是在模糊 C 均值核聚类方法的基础上发展而来的。核函数技术成功应用于支持向量机(Support Vector Machine, SVM)后,研究人员对核函数对其他算法的改进产生了很大兴趣,很多基于核函数的方法被提出并应用于多个领域中。在模糊 C 均值核聚类方法中,将原始特征值空间映射到高维空间,有效改善了聚类过程中对样本间特征差异的依赖。

首先建立加权模糊核聚类模型的目标函数。设给定数据样本集 $X = \{X_1, X_2, \cdots, X_N\} \subset R^L$，每个样本 X_j 有 L 维属性，即 $X_j = \{X_{j1}, X_{j2}, \cdots, X_{jL}\}$；聚类中心矩阵设为 $\boldsymbol{V} = \{v_1, v_2, \cdots, v_C\} \subset R^L$，并且有 $v_j = \{v_{i1}, v_{i2}, \cdots, v_{iL}\}$ 为第 i 个聚类中心。洪水灾害数据有着不同的属性与条件，为了提高洪灾分类的普适性，我们需要用下式将原始样本标准化：

$$x_{jk} = \frac{X_{jk} - X_{\min k}}{X_{\max k} - X_{\min k}} \qquad (5\text{-}16)$$

式中：x_{jk} 为样本 j 指标 k 的特征值，$j = 1, 2, \cdots, N$，$k = 1, 2, \cdots, L$；$X_{\max k}$、$X_{\min k}$ 分别表示指标 k 的最大值和最小值。

非线性映射定义为 $\Phi: x \rightarrow \Phi(x) \in F$，$x \in X$，其中 F 是将 X 式中的 x_{jk} 作为样本 j 指标 k 的特征值，$j = 1, 2, \cdots, N$，$k = 1, 2, \cdots, L$；$X_{\max k}$、$X_{\min k}$ 分别表示指标 k 的最大值和最小值。

非线性映射定义为 $\Phi: x \rightarrow \Phi(x) \in F$，$x \in X$，其中 F 是将 X 映射到高维空间中的非线性函数。如果以所有样本到所属类别聚类中心的欧式权距离平方和最小为目标，本节采用的高斯核的模糊核聚类方法的优化目标函数可描述为

$$J_{\text{WFKCA}} = \sum_{i=1}^{C} \sum_{j=1}^{N} \sum_{k=1}^{L} u_{ij}^m \omega_{ik}^{\beta} \| \Phi(x_{jk}) - \Phi(v_{ik}) \|^2$$

$$\text{s.t.} \quad u_{ij} \in [0, 1], \quad \sum_{i=1}^{c} u_{ij} = 1, \quad 1 \leqslant j \leqslant N \qquad (5\text{-}17)$$

$$\omega_{ik} \in [0, 1], \quad \sum_{k=1}^{L} \omega_{ik} = 1, \quad 1 \leqslant i \leqslant C$$

式中：C 是聚类类别数，本章中是一个被选定的数值；N 是样本数量；u_{ij} 是 x_j 对类别 i 的隶属度；ω_{ik} 是第 i 类第 k 维属性的权重值；m 和 β 是模糊性系数，且 $m > 1$，$\beta > 1$。

在目标函数中平方距离 $\| \Phi(x_{jk}) - \Phi(v_{ik}) \|$ 是在核空间中用下面的核函数进行计算的：

$$\| \Phi(x_{jk}) - \Phi(v_{ik}) \|^2 = \Phi(x_{jk}) \cdot \Phi(x_{jk}) - 2 \cdot \Phi(x_{jk}) \cdot \Phi(v_{ik}) + \Phi(v_{ik}) \cdot \Phi(v_{ik})$$

$$= K(x_{jk}, x_{jk}) - 2 \cdot K(x_{jk}, v_{ik}) + K(v_{ik}, v_{ik}) \qquad (5\text{-}18)$$

式中：$K(x, y) = \Phi(x) \cdot \Phi(y)$ 属于内积核函数，可以用于在高维特征空间中表示点积。如果这里使用高斯核函数（例如 $K(x, y) = \exp(-\| x - y \|^2 / \sigma^2)$，其中 σ 是标准方差），那么有 $K(x, x) = 1$，目标函数可以简化为

$$\| \Phi(x_{jk}) - \Phi(v_{ik}) \|^2 = 2 - 2 \cdot K(x_{jk}, v_{ik}) = 2(1 - K(x_{jk}, v_{ik})) \qquad (5\text{-}19)$$

综上，WFKCA 的目标函数可以改写为

$$J_{\text{WFKCA}} = 2 \cdot \sum_{i=1}^{C} \sum_{j=1}^{N} \sum_{k=1}^{L} u_{ij}^m \omega_{jk}^\beta \left(1 - K(x_{jk}, v_{ik}) \right) \tag{5-20}$$

其意义在于通过求解目标函数最小值,我们可以得到隶属度矩阵 U、聚类中心矩阵 V 和权重矩阵 $\boldsymbol{\omega}$。

$$u_{ij} = \left[\sum_{r=1}^{C} \frac{\sum_{k=1}^{L} \omega_{ik}^\beta \cdot (1 - K(x_{jk}, v_{ik}))}{\sum_{k=1}^{L} \omega_{ik}^\beta \cdot (1 - K(x_{jk}, v_{rk}))} \right]^{-\frac{1}{m-1}} \tag{5-21}$$

$$v_{ik} = \frac{\sum_{j=1}^{N} u_{ij}^m \cdot K(x_{jk}, v_{ik}) \cdot x_{jk}}{\sum_{j=1}^{N} u_{ij}^m \cdot K(x_{jk}, v_{ik})} \tag{5-22}$$

$$\omega_{ik} = \left[\sum_{t=1}^{L} \frac{\sum_{j=1}^{N} u_{ij}^m \cdot (1 - K(x_{jk}, v_{ik}))}{\sum_{j=1}^{N} u_{ij}^m \cdot (1 - K(x_{jk}, v_{ik}))} \right]^{-\frac{1}{\beta-1}} \tag{5-23}$$

为了获得目标函数最小值,我们用 $V = (v_{ik})_{C \times L}$ 表示聚类中心矩阵,$\boldsymbol{\omega} = (\omega_{ik})_{C \times L}$ 表示权重矩阵,$U = (u_{ij})_{C \times N}$ 表示隶属度矩阵,那么加权模糊核聚类算法流程可以描述如下。

（1）设迭代次数为 $t = 1$。

（2）初始化聚类中心 v_{ik} 和权重 $\omega_{ik} = 1/L$;初始化标准方差 σ,模糊性系数 m 和 β;设置计算精度 ε,设置 $t-1$ 代目标函数值为一个大数值的常量 ξ。

（3）根据式(5-21)计算隶属度矩阵 u_{ij}^t。

（4）根据式(5-22)计算聚类中心矩阵 v_{ik}^t。

（5）根据式(5-23)计算权重矩阵 ω_{ik}^t。

（6）根据式(5-20)计算目标函数值 J_{WFKCA}^t。

（7）比较第 t 代和第 $t-1$ 代目标函数值,如果 $|J_{\text{WFKCA}}^t - J_{\text{WFKCA}}^{t-1}| < \varepsilon$,则停止迭代运算,否则返回第(3)步。

5.3.2　自适应差分进化算法及其在模糊聚类中的应用

1. 自适应差分进化算法

差分进化(Differential Evolution,DE)算法是一种简单并且强大的演化算法,基于它独特的最优化策略,该算法参数少、种群规模小,在首届 IEEE 进化算法大赛中被证明为所有参赛算法中最快的进化算法,并且在收敛速度和稳定性等方面都超过了其他几种知名的随机算法,如退火单纯形策略(ANM)、自适应模拟退火

（ASA）、进化策略（ES）和随机微分方程（SDE）。DE 算法主要有三个经典进化运算符：变异、交叉和选择。其基本理念是在贪婪思想下产生新的子代参数向量。首先，在变异操作中，针对每个个体，对三个从当前种群中随机抽取的不同差分向量进行处理，得到一个变异向量；然后，通过对变异向量与当前个体向量的交叉运算得到一个试验向量；最后，将得到的试验向量在目标函数中进行检验，如果其适应度高于原个体向量，则用试验向量取代原个体向量，否则保留个体向量，继续进行下一轮运算。

假设 DE 的种群规模为 NP，种群中个体为 D 维实参向量，用 $X_{i,G}(i=1,2,\cdots,$ NP）表示个体，G 为进化代数，i 表示参数向量维数。初始种群是在参量取值上、下限之间随机抽取产生的。那么 DE 算法策略可以描述如下。

1）变异运算

在变异运算过程中，从非劣解集中选取两个独立个体 $X_{r2,G}$，$X_{r3,G}$，在当前种群中随机选择个体 $X_{r1,G}$，变异运算描述为

$$V_{i,G}=X_{r1,G}+F \cdot (X_{r2,G}-X_{r3,G}), \qquad r_1 \neq r_2 \neq r_3 \tag{5-24}$$

式中：$V_{i,G}$ 是变异向量；r_1、r_2、r_3 是在[1，NP]之间随机选取的互不相同整数；F 是取值区间为[0，2]的变异因子，是用来控制所选参数向量差分变异程度的。如果 F 较大，可以扩展搜索范围，提高种群多样性；如果 F 较小，可以提高局部搜索精度。

2）交叉运算

交叉运算的主要目的是提高种群的多样性。DE 采用对目标个体 $X_{i,G}$ 及与其相对应的变异向量 $\boldsymbol{V}_{i,G}$ 进行分散重组来产生试验向量 $\boldsymbol{U}_{i,G}=(u_{i1},u_{i2},\cdots,u_{iD})$，其规则为

$$u_{ij,G}=\begin{cases} v_{ij,G}, & \text{Rand}(j) \leqslant \text{CR 或 } j=\text{Rnb}(i) \\ x_{ij,G}, & \text{Rand}(j) > \text{CR 和 } j \neq \text{Rnb}(i) \end{cases} \tag{5-25}$$

式中：Rand(j)是[0，1]之间的均匀随机数产生器；CR 是[0，1]间的交叉控制因子；Rnb(i)是从[1，D]之间随机选取的一个整数，它是为了保证中间个体至少有一位进入试验个体中，否则种群的多样性将难以保持。

3）选择运算

选择运算是为了从父代个体和其相关试验个体中挑选出一个更优良的个体进入子代种群。挑选是基于个体适应度而做出的，假设适应度越小越优，那么选择运算可以表示为

$$X_{i,G+1}=\begin{cases} U_{i,G}, & f(U_{i,G}) < f(X_{i,G}) \\ X_{i,G}, & \text{其他} \end{cases} \tag{5-26}$$

式中：$f(X_{i,G})$ 是父代个体 $X_{i,G}$ 的适应度。DE 的这种选择策略可以称为"贪婪"选

择策略。

2. 变异因子 F 和交叉因子 CR 的自适应动态控制

在 DE 中,新的子代主要依靠变异运算产生。而变异因子 F 通常被设置成一个常量,这无法适应种群进化过程中对多样性和精度要求不断变化的状况的。因此,对自适应的控制参量的研究是很有必要的。但变异因子 F 在实践中很难设置成一个合适的值。太大的 F 会使搜索范围过大,影响搜索速度;过小的 F 会导致种群多样性缺失,引起算法早熟收敛。在本节中采用一个随着进化代数变化而比例性变化的自适应变异因子运算符,具体描述如下:

$$F = F_0 \cdot 2^{\exp(1 - G_{\max}/(G_{\max} + 1 - G))} \tag{5-27}$$

式中:F_0 是初始变异因子;$G_{\max}$ 是最大进化代数;G 是当前进化代数。从上式可以看出变异因子随着进化代数的增加而减少,从而使得在运算早期能维持种群多样性、晚期能提高搜索精度,从而全面提高了算法的全局优化能力。

DE 的交叉算子 CR 的取值会对交叉运算的效果产生显著影响。当 CR 较大时,变异向量对试验个体的贡献更高,有助于提高种群多样性;当 CR 较小时,试验个体更多由父代个体提供,有助于缩小搜索范围,提高局部优化精度。显然,CR 的特征值选取对 DE 的成功应用是非常重要的。交叉因子 CR 的自适应搜索策略描述如下:

$$CR = CR_0 \cdot 2^{\exp(1 - G_{\max}/(G + 1))} \tag{5-28}$$

式中:CR_0 是初始交叉因子。由上式可知交叉因子随着进化代数的增加而增加,即在算法收敛过程中,多样性逐渐降低,而收敛速度会不断加快。当达到最大进化代数时,其收敛速度会提高至顶点。

3. ADE 算法流程

自适应差分进化算法运算步骤如下。

(1) 设置初始参数:空间维数 d,种群规模 NP,交叉概率初值 CR(0),变异因子初值 $F(0)$,进化代数初值 $G = 0$,在取值范围内对种群进行随机初始化,根据适应度函数对初始种群个体进行评判,得到最优值。

(2) 运算因子生成:用式(5-27)、式(5-28)计算变异因子 F 和本代交叉因子 CR。

(3) 进化:按照 5.3.1 节中式(5-24)、式(5-25)、式(5-26)进行变异、交叉、选择运算,完成本代进化。

(4) 个体评价:对本代种群中每个个体计算其适应度,得到本代个体最优值。

(5) 终止运算判定:对最优值进行判断,若其精度满足预设要求或者迭代次数达到上限,则终止运算;否则进化次数加一,转步骤(2)继续迭代。

4. 运用 WFKCA 与 ADE 相结合的洪灾等级评估方法

1）搜索变量编码

当 ADE 应用在 WFKCA 的模糊聚类目标函数优化中时,确定搜索变量的编码方式是非常重要的。因为 ADE 属于实参优化算法,必须找到一种搜索变量的实数编码方式,使得算法不仅能优化聚类中心,还能对多个聚类中心进行划分。进一步,将聚类中心矩阵 $\boldsymbol{V}=\{\boldsymbol{v}_1,\boldsymbol{v}_2,\cdots,\boldsymbol{v}_C\}=[v_{ik}]_{C\times L}$ 选为优化对象,并且编码为种群个体。这就意味着总共有 $C\times L$ 个优化变量需要编码。ADE 向量可描述为

$$\boldsymbol{X}_i=[x_{i,1},x_{i,2},\cdots,x_{i,C\times(L-1)+1},x_{i,C\times(L-1)+2},\cdots,x_{i,C\times L}] \tag{5-29}$$

式中前 L 个元素 $x_{i,1},x_{i,2},\cdots,x_{i,L}$ 表示第一类聚类中心,接下来的 L 个元素 $x_{i,L+1},x_{i,L+2},\cdots,x_{i,2L}$ 表示第二类聚类中心,以此类推。用这种方法,可以将聚类中心矩阵 $\boldsymbol{V}=[v_{ik}]_{C\times L}$ 编码为 ADE 向量 $\boldsymbol{X}_i$ 并进行优化运算。

2）适应度函数

此处采用的适应度函数即为 WFKCA 的目标函数,可表示为

$$f=J_{\text{WFKCA}}=\sum_{i=1}^{C}\sum_{j=1}^{N}\sum_{k=1}^{L}u_{ij}^{m}\omega_{ik}^{\beta}\parallel\varPhi(x_{jk})-\varPhi(v_{ik})\parallel^{2} \tag{5-30}$$

所以适应度函数值最小就意味着目标函数值最小化,也就代表着对数据集最优划分。

3）洪灾分类方法流程

WFKCA 与 ADE 相结合的洪灾等级评估方法计算流程如下。

（1）初始化聚类中心矩阵 v_{ik} 和 $\omega_{ik}=1/L$;初始化标准差 σ,模糊系数 m 和 β;设置运算停止精度 ϵ,设置目标函数初值 $J_{\text{WFKCA}}^{t-1}=\xi,\xi$ 是一个较大的常量。

（2）设置当前进化代数 $G=1$,设置 ADE 参数种群规模 NP、最大进化代数 $G_{\max}$、初始交叉因子 CR_0、初始变异因子 F_0。

（3）进行 ADE 优化算法的变异、交叉、选择操作,对聚类中心矩阵进行优化。

（4）计算当前代隶属度矩阵 u_{ij}^{t}。

（5）计算当前代权重矩阵 $\boldsymbol{\omega}_{ik}^{t}$。

（6）计算当前代适应度函数值 J_{WFKCA}^{G}。

（7）比较 J_{WFKCA}^{G} 和 J_{WFKCA}^{G-1},如果 $|J_{\text{WFKCA}}^{G}-J_{\text{WFKCA}}^{G-1}|<\epsilon$ 或者 $G>G_{\max}$,则运算停止,否则转步骤（3）继续运行。

（8）最后由隶属度矩阵按下式计算出等级特征值:

$$H_j=\sum_{i=1}^{C}u_{ij}\cdot i \tag{5-31}$$

WFKCA 与 ADE 相结合的洪灾等级评估方法计算流程如图 5-11 所示。

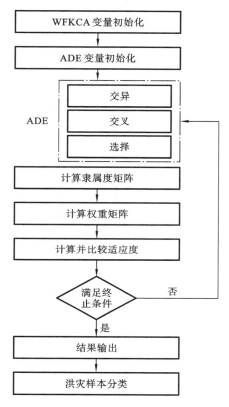

图 5-11 WFKCA 与 ADE 相结合的洪灾等级评估方法计算流程

5.4 洪水灾情多级综合评价模型

5.4.1 基于混沌 DE 算法和模糊聚类迭代模型的洪水灾情多级综合评价模型

模糊聚类迭代模型的原理是通过模糊聚类矩阵 u_{hj} 和模糊聚类中心矩阵 s_{jh} 的循环迭代运算,使得样本集对全体类别加权广义欧式权距离的平方和最小,从而使得样本空间中各样本围绕各类别聚类中心聚集在一起,实现样本空间的模糊分类。显然,样本与哪一类别的聚类中心的加权广义欧式权距离最小,则被归于该类别。

因此,利用这一特性,本节取两相邻类别聚类中心之间与它们加权广义欧式权距离相等的点为两类别的边界,并用来制定洪灾分类标准。在模型中采用了混沌文化差分进化(Chaotic Cultural Differential Evolution,CCDE)算法对指标权重向量进行优化,保证目标函数值能够达到最小值。

1. 混沌文化差分进化算法

DE 的基本思想是:对种群中的每个个体 i,从当前种群中随机选择三个点,以其中一个点为基础,以另两个点为参照进行变异,所得点与个体 i 交叉后进行选择,选出使目标函数更小的点来取代个体 i,进而实现种群进化。DE 主要包括变异、交叉和选择三种操作,与遗传算法不同的是:DE 采用的是实数编码;DE 在随机选择的父代个体间差分矢量的基础上进行变异操作,生成变异个体,然后对父代个体以及变异个体实施交叉操作,生成试验个体,最后使用贪婪策略在父代个体和试验个体间选择较优个体进入下一代。

文化算法的主要框架包含主群体空间以及信念空间,两空间平行进化,主群体空间通过适应度函数来优胜劣汰,不断进行,并将过程中所获得的经验通过接受操作传递给信念;信念根据主群体进化过程中的经验积累,经过内部进化并通过更新操作对主群体空间知识进行更新,再通过影响操作修改主群体进化模式。本文提出了一种基于一维 Logistic 映射的文化差分进化算法,然而 Logistic 映射的分布函数具有两端高、中间低的特点,本节采用优化性能更好的均匀分布的分段线性混沌映射,其表达式为

$$x^{(n+1)} = \begin{cases} x^{(n)}/r, & x^{(n)} \in (0,r) \\ (1-x^{(n)})/(1-r), & x^{(n)} \in [r,1) \end{cases} \quad (5\text{-}32)$$

这里取 $r=0.8$。

文化差分进化算法可简单描述为:首先对每个个体进行适应度评判,寻找最优对象;然后两个空间平行进化,其中主群体空间进化规则为差分进化算法,而信念空间采用基于分段线性混沌映射的混沌搜索进行进化;若进化代数达到指定值(本节取 10)的整数倍时,则进行接受操作和影响操作。当运算终止条件达到时,停止运算,否则迭代次数加 1,继续运算。

为了对 CCDE 算法的有效性进行评估,本节采用了 5 个典型测试函数对其进行验证,并与粒子群优化算法 PSO 和基本 DE 算法的测试结果进行了对比。5 个典型测试函数中 f_1 和 f_2 是单峰函数,其余都是多峰函数。测试函数如下。

(1) Sphere 函数:

$$f_1(x) = \sum_{i=1}^{D} x_i^2, \quad -5.12 \leqslant x_i \leqslant 5.12, \quad i = 30 \quad (5\text{-}33)$$

该函数只有一个最小值点,当 $x_i = 0$ 时,达到最小值 $f = 0$。

（2）Ackley 函数（$i = 30$）：

$$f_2(x) = -20\exp\left[-0.2\sqrt{\frac{1}{n}\sum_{i=1}^{30}x_i^2}\right]$$

$$-\exp\left(\frac{1}{n}\sum_{i=1}^{30}\cos(2\pi x_i)\right) + 20 + \mathrm{e}, \quad -32 \leqslant x_i \leqslant 32 \quad (5\text{-}34)$$

该函数当 $x_i = 0$ 时，达到最小值 $f = 0$。

（3）Griewangk 函数（$i = 30$）：

$$f_3(x) = 1 + \sum_{i=1}^{D}\frac{x_i^2}{4000} - \prod_{i=1}^{D}\cos\left(\frac{x_i}{\sqrt{i}}\right), \quad -600 \leqslant x_i \leqslant 600 \quad (5\text{-}35)$$

该函数当 $x_i = 0$ 时，达到最小值，局部极小值在 $x_i = \pm k\pi\sqrt{i}, i = 1, 2, \cdots, n, k = 1, 2, \cdots, n$。

（4）Rastrigin 函数（$i = 30$）：

$$f_4(x) = \sum_{i=1}^{D}\left[x_i^2 - 10\cos(2\pi x_i) + 10\right], \quad -5.12 \leqslant x_i \leqslant 5.12 \quad (5\text{-}36)$$

该函数是多峰函数，当 $x_i = 0$ 时，达到最小值 $f = 0$，有 10D 个局部极小点。

（5）Schaffer 函数：

$$\begin{cases} f_5(x_1, x_2) = 0.5 + \dfrac{\sin^2\sqrt{x_1^2 + x_2^2} - 0.5}{[1.0 + 0.001(x_1^2 + x_2^2)]^2} \\ -100 \leqslant x_i \leqslant 100, \quad i = 1, 2 \end{cases} \quad (5\text{-}37)$$

该函数有无穷多个极值点，但只有一个全局极小点 $f(0,0) = 0$，且在该点附近存在一个圈谷，取值为 0.009716，易陷入局部极值。

测试函数使用 PSO、DE、CCDE 三种算法分别运行 30 次，取目标函数的最大值、最小值、平均值及标准差，计算结果如表 5-2 所示。

表 5-2　测试函数运行结果

测试函数	优化算法	最小值	最大值	平均值	标准差
	PSO	7.1019e−008	2.1371e−005	2.8544e+011	1.0422e+010
f_1	DE	6.1231e−013	4.4680e−012	1.9459e−012	9.5136e−013
	CCDE	2.8391e−224	3.4034e−208	3.4201e−209	0
	PSO	5.5932e−005	1.9709e−003	6.6965e−004	5.0071e−004
f_2	DE	2.4048e−007	5.4664e−007	3.7811e−007	7.2372e−008
	CCDE	3.9968e−015	3.9968e−015	3.9968e−015	0

测试函数	优化算法	最小值	最大值	平均值	标准差
	PSO	1.8794e−006	5.8951e−002	1.1465e−002	1.2884e−002
f_3	DE	1.8794e−006	7.7782e−011	9.5855e−012	1.1455e−011
	CCDE	0	0	0	0
	PSO	11.293	55.846	30.351	7.1162
f_4	DE	48.7046	80.2083	65.0621	7.3930
	CCDE	0	0	0	0
	PSO	0	0	0	0
f_5	DE	0	0.0097	0.0020	0.0039
	CCDE	0	0	0	0

从表 5-2 中可以看出 CCDE 算法在 5 个测试函数中均显示出良好的收敛性能,且优化效果远超 PSO 和 DE 算法,如果将其运用在对模型的全局优化中,可以极好地提高模型的收敛性和有效性。

2. 模糊聚类迭代模型

要制定洪灾评估标准,首先要对洪灾样本用模糊聚类迭代模型进行分类。

目标函数可表示为

$$\min\{F(w_i, u_{hj}, s_{ih})\} = \sum_{j=1}^{n} \sum_{h=1}^{c} [u_{hj} \parallel w_i(r_{ij} - s_{ih}) \parallel]^2 \tag{5-38}$$

目标函数的意义为洪水样本集对全体类别加权广义欧式权距离的平方和最小。式中 r_{ij} 是样本 x_{ij} 由下式确定的对样本空间的相对隶属度:

$$r_{ij} = (x_{imax} - x_{ij})/(x_{imax} - x_{imin}) \tag{5-39}$$

根据拉格朗日函数法,可以求得模糊聚类矩阵 u_{hj} 和模糊聚类中心矩阵 s_{ih}:

$$u_{hj} = \left[\sum_{k=1}^{c} \frac{\sum_{i=1}^{m} [w_i(r_{ij} - s_{ih})]^2}{\sum_{i=1}^{m} [w_i(r_{ij} - s_{ik})]^2} \right]^{-1} \tag{5-40}$$

$$s_{ih} = \frac{\sum_{j=1}^{n} u_{hj}^2 w_i^2 r_{ij}}{\sum_{j=1}^{n} u_{hj}^2 w_i^2} \tag{5-41}$$

式中:s_{ih} 为第 h 个类别对第 i 个指标的相对隶属度;w_i 为指标权向量;u_{hj} 为洪水样本 j 归属于类别 h 的相对隶属度,满足约束条件:

$$0 \leqslant u_{hj} \leqslant 1, \quad \sum_{h=1}^{c} u_{hj} = 1 \tag{5-42}$$

因为指标权向量 w 受以下条件约束：

$$w = (w_1, w_2, \cdots, w_m)^{\mathrm{T}}, \quad \sum_{i=1}^{m} w_i = 1 \tag{5-43}$$

我们采用惩罚函数法将此有约束优化问题转变为无约束优化问题，目标函数可变为

$$\min f(w) = F(w_i, u_{hj}, s_{ih}) + M \left(\sum_{i=1}^{m} w_i - 1 \right)^2 \tag{5-44}$$

目标函数的求解过程如下。

（1）设定 u_{hj}、s_{ih} 停止迭代阈值为 ε_1、ε_2，最大迭代次数为 T。

（2）令迭代次数 $t=0$，随机生成一个受式（5-42）约束且不相关的初始模糊聚类矩阵 $(u_{hj}^{(t)} u_{nj}^{(t)})$。

（3）利用 CCDE 算法对指标权向量进行优化，确保目标函数最小。

（4）将 $(u_{hj}^{(t)} u_{hj}^{(t)})$ 代入式（5-41），求出对应的模糊聚类中心矩阵 $(s_{ih}^{(t)} s_{ih}^{(t)})$。

（5）若 $\max |u_{hj}^{t+1} - u_{hj}^t| > \varepsilon_1$ 或者 $\max |s_{ih}^{t+1} - s_{ih}^t| > \varepsilon_2$，$t = t+1$，则返回到步骤（3）；若满足式（5-45）或超过最大迭代次数，则终止运算。

$$\begin{cases} \max |u_{hj}^{t+1} - u_{hj}^t| \leqslant \varepsilon_1 \\ \max |s_{ih}^{t+1} - s_{ih}^t| \leqslant \varepsilon_2 \end{cases} \tag{5-45}$$

此时求出的模糊聚类矩阵 $(u_{hj}^{(t+1)} u_{hj}^{(t+1)})$ 和模糊聚类中心矩阵 $(s_{ih}^{(t+1)} s_{ih}^{(t+1)})$ 为实现洪水分类所需要的结果，可以根据模糊聚类矩阵中各样本对各类别的隶属度来识别已知样本所属的类别。

（6）求出的模糊聚类中心矩阵 s_{ih} 为实现洪水分类的最佳聚类中心矩阵，它反映各级别灾害样本分别围绕其聚集的聚类中心点，可以以此为依据，取两个聚类中心点之间与两点欧式权距离相等处的点为两个类别的分界点。

$$y_{ih} = x_{i\max} - s_{ih}(x_{i\max} - x_{i\min}) \tag{5-46}$$

$$b_{ih} = \frac{y_{i,h} + y_{i,h+1}}{2} \tag{5-47}$$

式中：y_{ih} 为第 i 个指标第 h 类别聚类中心点经过反归一化处理后的数值；b_{ih} 为第 i 项指标在 h 类与 $h+1$ 类之间的分界点。

5.4.2　基于混沌 DE 算法和 PP 多项式函数的洪灾等级评估

洪灾损失与防灾措施、疏散措施、洪水突发程度以及受灾区域价值分布情况有关，历史样本集本身在一定程度上反映了这些因素对最终损失数据的影响，有其内

在的非线性分布规律。因此,洪灾等级聚类评估工作针对的目标样本集应满足以下条件:① 数量尽可能多,以充分反映洪灾样本分布的内在规律;② 当没有具体评价标准时,样本集分布要尽量完备,即在每一分类类别中均应有样本存在。投影寻踪聚类(Projection Pursuit Clustering,PPC)模型和模糊聚类迭代(Fuzzy Clustering Iterative,FCI)理论的基本思想均为根据样本集内在规律进行寻优以找到最优投影方向或者最优聚类中心,达到最佳聚类评价的目的,是进行洪灾等级评估工作的理想解决方案。投影寻踪是近年来兴起的一种分析和处理非正态高维数据的统计方法,其基本思想是将高维数据投影到低维子空间上,采用投影指标函数衡量投影暴露某种结构的可能性大小,寻找出所反映的原高维数据的结构或特征,达到对高维数据有效处理的目的。

传统的 PPC 模型采用标准差和局部密度来构造投影指标函数,密度窗宽为所需要设定的参数。密度窗宽的取值在 PPC 中非常关键,其合理性直接关系到分类结果的有效性。对于密度窗宽的确定方法缺乏理论依据,无法验证聚类结果的合理性。针对这一问题,本节通过构造新的投影指标函数来避开密度窗宽参数选择过于主观的问题。

因此,本文提出了以聚类欧式权距离与投影值标准差的商构造的投影指标函数,并将 PPC 技术与 FCI 方法结合,从而构建了一种新的模糊投影寻踪聚类(Fuzzy Projection Pursuit Cluster,FPPC)模型,参数完全客观地智能率定,既可在标准缺失情况下对洪灾历史样本集进行聚类评估,也可根据给定标准对任意数量、任意等级洪灾历史样本进行精确评估,并通过历史洪灾样本集验证了 FPPC 的合理性和有效性。

1. 投影寻踪指标函数研究

投影寻踪(PP)技术的基本思想是根据实际问题的需要,通过建立一个准则函数,将多维分析问题通过最优投影方向转化为一维问题进行处理,然后根据投影后的数据建立数学模型对系统进行分析、分类或预测。

投影指标函数是衡量数据从高维空间投影到低维空间上是否有意义的目标函数,用于寻找合适的投影方向,使得指标值最大或者最小。

1974 年,Friedman 和 Tukey 首次提出了投影寻踪的概念,并对模拟数据和分类数据进行了分析,其提出的投影指标函数用于寻找高维数据的一维或二维投影,可以表示为

$$Q_F(a) = S(a)D(a) \tag{5-48}$$

式中:$S(a)$表示投影数据的离散度,为数据扩展的度量;$D(a)$表示沿投影方向 a 投

影后数据的局部密度;a 为投影方向。

1987 年,Jones 和 Sibson 提出了 Shannon 一阶熵权投影指标函数,可表示为

$$Q_E(x) = -\int \Sigma_x P(x) \log_2 [P(x)] \tag{5-49}$$

式(5-49)称为 Shannon 熵,标准正态密度可以使得该函数达到最小值。

同年,Friedman 通过对投影数据进行变换来排除异常点对指标的影响,高维数据归一化后进行投影,可以得到 Friedman 投影指标函数为

$$Q(a) = \int_{-1}^{1} (f(y) - 0.5)^2 \mathrm{d}y \tag{5-50}$$

式中:$f(y)$ 为概率密度函数。

1989 年,Hall 提出了基于多项式的投影寻踪渐近理论,将投影后数据的概率密度函数与标准正态密度函数之差的 L_2 距离作为投影指标函数,可表示为

$$Q(a) = \int_{-\infty}^{\infty} (f(y) - \phi(y))^2 \mathrm{d}y \tag{5-51}$$

式中:$f(y)$ 为概率密度函数;$\phi(y)$ 为标准正态密度函数。可以通过对 $f(y)$ 的 Hermite 展式,构造出投影指标多项式进行计算。

1993 年,Cook、Buja 等在 Friedman 研究的基础上,对其的变换思想一般化,提出了 Cook 指标函数,可表示为

$$Q(a) = \int_R (f(y) - \Psi(y))^2 \Psi(y) \mathrm{d}y \tag{5-52}$$

式中:$\Psi(y)$ 是经过 T 变换后的概率密度函数。

同年,以估计 Bayes 准则为目标,Poss 等提出了投影寻踪判别分析指标函数。

设在 $G_1, \cdots, G_G$ 集合中,定义从 m 维实数空间到该集合的一个映射 $r: \{x \in R^m\} \to R_g, g = 1, \cdots, G$。$r$ 把 R^m 分成 G 个互不相交的集合 $R_1, \cdots, R_G$,则 PPDA 投影指标可表示为

$$Q(y, a) = 1 - \sum_{g=1}^{G} \int_{R_g} (\pi_g f_g(y)) \mathrm{d}y \tag{5-53}$$

式中:π_g 是类别 G_G 在总体中所占的比重。

2. PPC 模型研究

在 PPC 的核心思想中,投影指标函数应以待聚类样本聚类效果的优劣为主要贡献目标。为达到这一目标,对投影值的要求应为:整体上不同类别之间的类间距离应该尽可能大,即不同类别各自形成的投影点团应稀疏分布;同类别中样本聚集度(也就是类内密度)应越高越好,即团内投影点应密集分布。传统的 PPC 模型用如下越大越优的乘积形式的投影指标函数表示:

$$Q_F(\boldsymbol{a}) = S(y)D(y)$$

$$S(y) = \sqrt{\frac{\sum_{i=1}^{n}(y(i) - E(y))^2}{n-1}} \cdot \qquad\qquad (5\text{-}54)$$

$$D(y) = \sum_{i=1}^{n}\sum_{j=1}^{n}(R - (d(i,j) \cdot u(R - d(i,j))))$$

式中:$\boldsymbol{a} = (a(1), a(2), \cdots, a(m))$为投影方向向量,$m$为样本维数;$S(y)$为投影值 $y(i)$的标准差,用来表征投影点整体稀疏度;R为密度窗宽,即局部密度的窗口半径;$u()$为单位阶跃函数;$d(i,j)$是样本 i 与样本 j 之间的距离;$D(y)$为各窗口内样本之间的距离和,用来表征投影点局部密集度。R 的选取非常困难,既不能太小导致分布在窗口内投影点数量过少,也不能太大导致聚类效果明显转劣,而目前并无一种有理论支撑的被广泛承认其合理性的密度窗宽取值选择方法,难以选取最适合对象样本集的最优密度窗宽,导致该模型的效果无法得到保障。

3. 模糊投影寻踪聚类 FPPC 模型建模

为综合 FCI 模型及 PPC 模型的优点,本节构思了将两种经典模型互补融合的有效途径:① 首先利用投影寻踪原理将 n 维样本投影至低维空间,降低 FCI 的迭代运算计算量,避免多维指标的聚类中心交叉现象出现;② 利用 FCI 对样本投影点进行模糊聚类,并将得到的最小欧氏距离平方和作为表征类内密度的 $D(y)$ 来构建全新的投影指标函数,避开密度窗宽参数的选择问题;③ 对全新投影指标函数进行寻优,得到最优投影方向,进行投影寻踪聚类。通过以上措施,可以实现欧氏距离平方和最小化的模糊聚类以及投影指标函数最小化的投影寻踪聚类的二重迭代聚类,并通过构建全新投影指标函数来统一两个模型的聚类目标,在有效保留二者聚类效果的同时,避免前述相关缺陷,以达到二者互补融合的目的。

为了更好地表征聚类时各投影点团分布越稀疏越优以及团内分布越密集越优的特性,现以取值越大越优的投影值标准差作为 $S(y)$ 来表征投影点团间离散度,以取值越小越优的根据模糊聚类中心矩阵计算出的投影点集合的欧氏距离平方和作为 $D(y)$,同时参考最常用的模糊聚类有效性综合评价指标的相除形式,如式(5-55)所示,构建越小越优的相除型投影指标函数:

$$Q_F(a) = \frac{D(y)}{S(y)}$$

$$S(y) = \sqrt{\frac{\sum_{i=1}^{n}(y(i) - E(y))^2}{n-1}} \qquad\qquad (5\text{-}55)$$

$$D(y) = \sum_{i=1}^{n}\sum_{h=1}^{c}\left[u_{hi} \parallel (\boldsymbol{r}_i - \boldsymbol{s}_h) \parallel \right]^2$$

式中：u_{hi} 为样本 i 归属于类别 h 的相对隶属度；r_i 为第 i 个样本的相对隶属度；s_h 为类别 h 的聚类中心。显然，$D(y)$ 越大 $S(y)$ 越小，则投影指标函数 $Q_F(a)$ 越小。该投影指标函数无需选定密度窗宽参数，且极好地诠释了投影寻踪聚类模型对于投影值的散布特征要求。这样，可以通过求解投影指标函数的最小值来获得最优投影方向向量，即

$$\min Q_F(a) = \frac{D(y)}{S(y)}$$

$$\text{s. t.} \ \sum_{j=1}^{m} a^2(j) = 1 \tag{5-56}$$

模糊投影寻踪聚类主要建模过程如下。

1）样本归一化处理

设初始样本集为 $X = \{x^*(i,j) \mid i=1,2,\cdots,n; j=1,2,\cdots,m\}$，$n$ 为样本数，m 为样本指标原始维数。将样本集归一化为

$$r_{ij} = \frac{x_{\max}(j) - x^*(i,j)}{x_{\max}(j) - x_{\min}(j)} \tag{5-57}$$

式中：$x_{\max}(j)$ 和 $x_{\min}(j)$ 分别为第 j 个指标值的最大值和最小值。

2）模型初始化

用均匀随机函数初始化投影方向向量，按照式（5-58）把 m 维样本空间投影至一维投影值空间，然后随机生成投影值聚类中心向量。

$$y(i) = \sum_{j=1}^{m} a(j) x(i,j)$$

$$\text{s. t.} \ \sum_{j=1}^{m} a^2(j) = 1 \tag{5-58}$$

3）PPC 二重迭代聚类

利用投影寻踪技术将样本集映射到一维后，由于只存在投影值这一维指标，因此指标权重向量（即 w_i）也无需存在，同时 s_{sh} 也变为 s_h，r_{ij} 变为 r_j，隶属度矩阵和聚类中心矩阵变为

$$\boldsymbol{u}_{hj} = \left[\sum_{k=1}^{c} \frac{(r_j - s_h)^2}{(r_j - s_k)^2} \right]^{-1}$$

$$s_h = \sum_{j=1}^{n} u_{hj}^2 r_j \Big/ \sum_{j=1}^{n} u_{hj}^2 \tag{5-59}$$

按式（5-59）对投影点进行模糊聚类迭代运算，通过对式（5-56）（即投影指标函数值最小化问题）的求解来对最优投影方向向量进行寻优，本节中均采用自适应差分进化算法求解该优化问题，从而得到最优投影方向向量及相应的最优聚类中心

矩阵。

4）等级特征值求解

将最优投影方向代入式（5-59）得到样本投影值，并据此对样本进行排序，将最优隶属度代入类别特征值公式，得到样本连续性等级值。类别特征值公式为

$$C(j) = \sum_{h=1}^{c} u_{hi} \cdot h \tag{5-60}$$

式中：u_{hj} 为最优隶属度；$h = (1, 2, \cdots, c)$ 为类别值，c 为总类别数。

常见的投影寻踪聚类模型只能通过最终投影值的大小进行排序，对所属类别需要人为划定投影值等级标准，而本节所提出的 FPPC 模型在样本排序的同时，即可直接获得样本聚类结果并给出连续性等级值，且无需人为制定投影值等级标准，最大限度地避免了主观性因素对模型计算结果的影响。

4. 应用实例

为了对 FPPC 模型的有效性及精确性进行验证，选择南京站 1954—1998 年时间段内对长江南京段的 10 次洪水记录以及河南省 1950—1990 年间出现的洪水灾害样本集作为研究对象，并采用 FPPC 模型进行等级评估工作。

1）参数设置

根据洪灾样本集的样本数量及模型的运算精确性要求，且选定种群规模为 50，最大进化代数为 1000，交叉因子初值为 0.9，变异因子初值为 0.4，分段线性混沌映射参数 $r = 0.8$，采用约束条件处理方法中常用的参数调整法来处理目标函数式（5-56）中关于投影方向的约束条件：

$$a(i) = \frac{a(i)}{|a(i)|} \sqrt{\frac{a^2(i)}{\sum_{j=1}^{m} a^2(j)}} \tag{5-61}$$

2）样本辨识及处理

在评价标准中，最后一个类别的上限必然为无穷大。根据模糊聚类迭代理论，当损失程度远超特大洪灾的超大洪灾样本时，这样的样本必然会造成聚类中心的极大偏移，从而导致评价结果具有较大偏移误差。鉴于此，本节提出了一种超大样本辨识方法，结合样本值、平均值及标准差的关系，根据样本值对平均值的加权相对距离来进行超大样本的判断：

$$d_j = \sum_{i=1}^{m} \frac{w_i(|r_{ij} - E_i|)}{\sigma_i} \tag{5-62}$$

式中：r_{ij} 为样本 j 的第 i 个指标的归一化值；E_i 为第 i 个指标的归一化值的平均值；σ_i 为标准差；w_i 为第 i 维指标所占权重。式（5-62）得到的加权相对距离 d_j 表征第

j 个样本与样本集均值之间的偏离程度。

根据洪灾等级范围非均匀分布,等级越高、范围越大的特点,经大量试验后制定判断准则为:若存在样本的加权相对距离 d_j 大于 3,则判定为超大样本。以原分类为 4 类为例,可设置实际类别数为 5,即将超大样本划分至第 5 类,此时属于第 4、5 类的样本对应最终评估结果中的第 4 类,第 1、2、3 类仍对应原类别。

在实际评估工作中,应首先对样本空间用 FPPC 模型进行预评估,获得预评估最佳投影方向向量 A^*;然后将样本空间及 A^* 代入式(5-62),判断样本集中是否存在超大样本,并按前述的解决方案进行针对性处理后,再进行正式的 FPPC 聚类评估。

3)南京站洪水的 FPPC 聚类评估

表 5-3 给出了长江下游南京站的 10 次历史洪水样本,取洪水峰值、水位超 9 m 持续天数、大通站洪峰流量、5—9 月洪水流量以及流量与历时综合指标 5 个指标作为洪水分类要素。本节将洪水分类类别定为 3 类,即一般洪水、大洪水、特大洪水。

表 5-3　南京站的 10 次历史洪水样本

年份/年	洪水峰值/m	水位超 9 m 持续天数	大通站洪峰流量/(m³/s)	5—9 月洪水流量/(m³/s)	流量与历时综合指标
1954	10.22	87	92600	8891	7800
1969	9.20	8	67700	5447	1710
1973	9.19	7	70000	6623	3280
1980	9.20	10	64000	6340	2730
1983	9.99	27	72600	6641	3560
1991	9.70	17	63800	5576	1930
1992	9.06	13	67700	5295	1575
1995	9.66	23	75500	6162	2390
1996	9.89	34	75100	6206	2702
1998	10.14	81	82100	7773	5283

对样本集进行辨识后可知并不存在超大样本。经 FPPC 模型评估后,得到投影指标函数最小值为 0.007761,样本投影值为{0.6338,1.3470,1.3193,1.3178,1.1686,1.2871,1.3147,1.2034,1.1236,0.7284},最优投影值聚类中心为{1.3172,1.1638,0.6809},最优隶属度矩阵如下:

$$\boldsymbol{U}=\begin{bmatrix} 0.9875 & 0.0019 & 1.09e-5 & 8.99e-7 & 9.55e-5 & 0.0023 & 1.55e-5 & 0.0051 & 0.0078 & 0.9819 \\ 0.0078 & 0.0257 & 0.0002 & 1.54e-5 & 0.9989 & 0.0562 & 0.0003 & 0.8873 & 0.9511 & 0.0117 \\ 0.0047 & 0.9723 & 0.9998 & 0.9999 & 0.0010 & 0.9414 & 0.9997 & 0.1075 & 0.0410 & 0.0064 \end{bmatrix}$$

根据隶属度矩阵可以对南京站洪水样本进行分类,并且由式(5-60)可以得到连续性等级特征值。分类结果与 EM、CDEFCI、PPDC、WFKCA 模型所得结果一并比较,如表 5-4 所示。

表 5-4　南京站洪水分类结果比较

样本年份/年	EM连续等级	EM离散等级	CDEFCI连续等级	CDEFCI离散等级	PPDC离散等级	WFKCA连续等级	WFKCA离散等级	FPPC连续等级	FPPC离散等级
1954	2.962	3	2.9863	3	3	2.9873	3	2.9828	3
1969	1.043	1	1.0213	1	1	1.0434	1	1.0296	1
1973	1.372	1	1.0494	1	1	1.1206	1	1.0002	1
1980	1.102	1	1.0138	1	1	1.0219	1	1.0000	1
1983	1.958	2	1.9874	2	2	1.8975	2	1.9991	2
1991	1.231	1	1.3551	1	1	1.1766	1	1.0609	1
1992	1.091	1	1.0498	1	1	1.0311	1	1.0003	1
1995	1.942	2	1.8846	2	2	1.9474	2	1.8975	2
1996	1.990	2	1.9541	2	2	1.9999	2	1.9668	2
1998	2.511	3	2.9829	3	3	2.9754	3	2.9728	3

将表 5-4 中结果对比分析可知,FPPC 模型计算出的离散等级评估结果与 EM、CDEFCI、PPDC、WFKCA 模型完全一致,并且该结果的可靠性在已有研究中进行了分析论证,故不再重复。因 PPDC 无法给出连续等级值,对 EM、CDEFCI、WFKCA、FPPC 的连续等级评估结果进行误差分析以及采用下式所示模糊聚类有效性比较,如表 5-5 所示。

$$\text{XB}=\frac{\sum_{j=1}^{n}\sum_{h=1}^{c}u_{hj}^{2}\cdot\parallel\boldsymbol{r}_{j}-\boldsymbol{s}_{h}\parallel^{2}}{n\cdot\min_{h,k=1,2,\cdots,c;h\neq k}\parallel\boldsymbol{s}_{h}-\boldsymbol{s}_{k}\parallel^{2}}$$

$$\text{PC}=\frac{1}{n}\cdot\sum_{j=1}^{n}\sum_{h=1}^{c}u_{hj}^{2} \tag{5-63}$$

$$\text{PE}=-\frac{1}{n}\cdot\sum_{j=1}^{n}\sum_{h=1}^{c}u_{hi}\cdot\log_{2}u_{hj}$$

表 5-5　EM、CDEFCI、WFKCA、FPPC 评估结果误差及聚类有效性比较

评估方法	灾级绝对误差值落在下列区间的样本个数					灾级绝对误差值均值	灾级相对误差值均值/(%)	XB	PE	PC	最小广义欧式权距离平方和
	[0,0.1]	[0,0.2]	[0,0.3]	[0,0.4]	[0,0.5]						
EM	6	7	8	9	10	0.1476	10.70	0.0047	0.5660	0.7907	0.8430
CDEFCI	8	9	9	10	10	0.0694	5.87	0.0030	0.3147	0.8872	1.2775e−2
WFKCA	7	10	10	10	10	0.0589	4.84	0.0026	0.3287	0.8934	0.0287
FPPC	9	10	10	10	10	0.0269	1.73	0.0015	0.1656	0.9477	3.5752e−3

由表 5-5 可知,FPPC 模型误差最小,聚类有效性最高(XB、PE 越小越优,PC 越大越优),且广义欧式权距离最小,同时,因为在模糊聚类方法中,离散等级对应各等级聚类中心,故可利用连续等级值与聚类中心的偏差进行聚类效果比较,同样可得 FPPC 综合聚类效果最优。

5.5　洪水洪灾损失动态评估与灾情多级综合评价应用实例

5.5.1　洪水洪灾损失动态评估应用实例

1. 荆江分蓄洪区概况

本节的研究对象是荆江分蓄洪区,它位于荆江南岸公安县境内,东滨荆江,西临虎渡河,南抵黄山头。南北长 68 km,东西宽 13.55 km,面积 921 km²,地面高程 32.8～41.5 m,蓄洪水位 42.00 m 时,设计蓄洪容积 54 亿立方米。

荆江分蓄滞洪区包括荆江分洪区、涴市扩大区、人民大垸蓄滞洪区以及虎西备蓄区。总蓄洪面积 1358.3 km²,包括耕地 95 万亩,人口 85.6 万,有效蓄洪容量 71.6 亿立方米,分别隶属于荆州市的 4 个县(市),包含 30 个乡,将近 500 个村。荆江分蓄洪区如图 5-12 所示。

荆江分蓄洪区工程建于 1952 年,是中华人民共和国成立后兴建的第一个大型水利工程。主体工程包括进洪闸(北闸)、节制闸(南闸)和 208.38 km 围堤(其中南线大堤 22 km,荆右干堤 95.80 km,虎东干堤 80.58 km)。南线大堤属于分蓄洪区

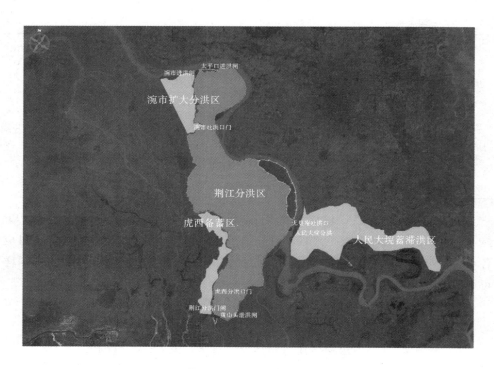

图 5-12　荆江分蓄洪区

南端,从藕池至南闸全长 22 km。南线大堤闸站 3 处;荆右干堤从藕池至黄水套、白家湾、陈家台、太平口,涵闸 4 处;虎东干堤从太平口至黄山头,涵闸 6 处。分蓄洪区内建有安全区 21 个,面积 19.58 km²,安全区围堤长 52.78 km。分有 87 处安全台,安全台面积 1.78 km²;躲水楼 240 栋,面积 13.5 万平方米;安置房 908 栋,面积 36.4 万平方米。

荆江分蓄洪区现辖 8 镇 4 个国营农、林、渔场,215 个村,15.18 万户,54 万人,其中安全区台定居 5.71 万户、20.6 万人;分洪时需外转 12.8 万人,安全区台安置 20.7 万余人;分蓄洪区内有耕地 54 万亩。2002 年,荆江分蓄洪区工农业总产值为 22.89 亿元(现行价)。

2. 分蓄洪区典型时刻淹没分析结果

研究工作选取荆江分蓄洪区为研究区域,以荆江 1954 年实测第一次分洪过程为分洪条件,研究分洪后洪水淹没造成的损失。淹没分析所使用的时序洪水淹没栅格如图 5-13 所示,为分洪 24.2 h、48.3 h、72.1 h、130.9 h 的淹没水深栅格图,对应的总淹没面积分别为 246.7 km²、511.1 km²、768.8 km²、927.8 km²。

以距离分洪闸口最近距离的埠河镇为例,埠河镇地理位置如图 5-14 所示,动态损失评估模型首先分析其各时刻不同承灾体类型淹没情况,以及整个洪水演进过程中不同级别水深变化情况,并耦合经济数据空间展布数据库及损失率数据库,计算其损失情况。埠河镇 130.9 h 各类承灾体淹没分析表如表 5-6 所示。

图 5-15 为埠河镇在整个分洪过程中,淹没各级水深下所辖面积的变化情况,由图中数据可以看出,0~0.5 m 的水深范围内,在大约 6.7 h,此级别水深的淹没面积达到极大值,随后逐渐减少,到分洪结束时刻,该浅水淹没区的面积又达到最大。而整个分洪过程中,水位在 1~2 m 的中水水位下所辖淹没面积一直占据总淹没面积的绝大多数比例。

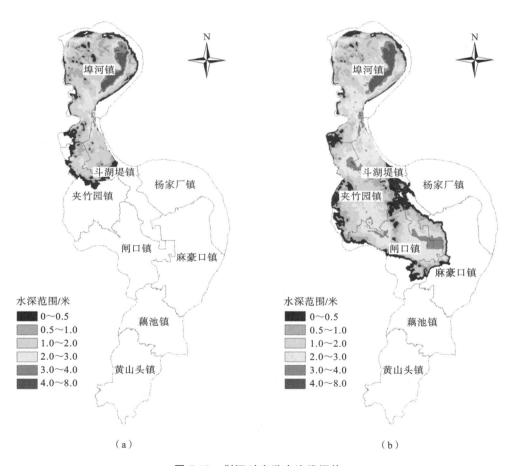

（a）　　　　　　　　　　　　　　　　（b）

图 5-13　荆江时序洪水淹没栅格

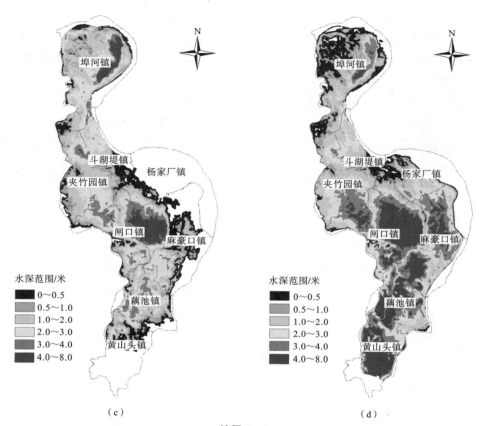

（c）

（d）

续图 5-13

图 5-14　埠河镇地理位置

表 5-6　埠河镇 130.9 h 各类承灾体淹没分析表(单位:km²)

水深范围/m	居民地	工业用地	耕地	林地	水体
0～0.5	6.03	6.98	47.05	4.31	0.01
0.5～1.0	4.63	3.45	29	0.87	0.16
1.0～2.0	4.37	1.76	36.02	1.28	0.73
2.0～3.0	1.12	0.09	12.16	0.04	0.65
3.0～4.0	0.21	0	9.84	0	2.3
4.0～8.0	0	0	2.55	0	0.96

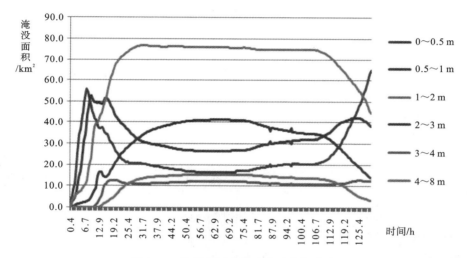

图 5-15　埠河镇时序洪水淹没分析曲线

3. 分蓄洪区典型时刻损失评估结果

在对分蓄洪区最大淹没水深栅格图的淹没分析后,系统可以计算出在各栅格点淹没水深最大情况下,荆江分蓄洪区的各类损失情况。荆江分蓄洪区最大淹没情况下的损失结果如表 5-7 所示。

表 5-7　荆江分蓄洪区最大淹没情况损失统计表

城镇名称	房屋损失/间	损失类型(单位:万元)					
		工业损失	种植业	林业	畜牧业	渔业	直接经济损失
埠河镇	24614	7441.73	22260.49	186.68	32.12	32.12	29931.68
斗湖堤镇	37315	9032.57	9617.81	201.60	36.15	36.15	18903.33

续表

城镇 名称	房屋损 失/间	损失类型（单位：万元）					
		工业损失	种植业	林业	畜牧业	渔业	直接经济损失
杨家厂镇	4287	1464.52	6683.63	128.99	11.82	11.82	8293.80
麻豪口镇	27484	5929.71	20300.79	144.67	21.30	21.30	26418.28
藕池镇	17279	5737.39	9701.07	483.82	40.72	40.72	15974.35
黄山头镇	11768	7.67	6330.81	174.77	20.45	20.45	6545.33
闸口镇	17574	2355.12	8649.18	347.86	44.13	44.13	11416.63
夹竹园镇	14388	2424.80	14270.33	262.21	38.69	38.69	17021.73

4. 配合二维洪水演进的洪灾损失动态评估

洪灾损失动态评估模型输出时序损失评估数据，配合示范区的洪水演进过程，进行数据匹配展示，可以清楚地看到洪水演进各阶段示范区各类经济指标的损失情况，取得了良好的图形数据综合展示效果，系统界面如图 5-16、图 5-17 所示。界面右端是洪灾损失评估结果展示；用动态变化的二维面积图反映受灾面积、受灾人口、房屋损失、直接经济损失四类指标随时间变化而变化的详细数值。并采用动态

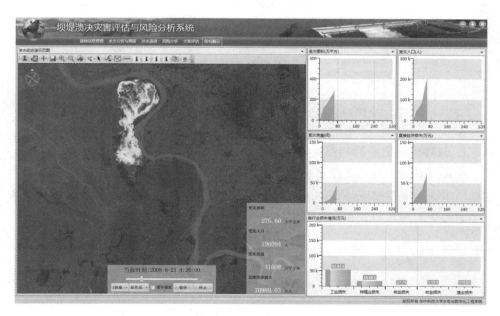

图 5-16 洪灾损失动态评估结果综合展示界面 1

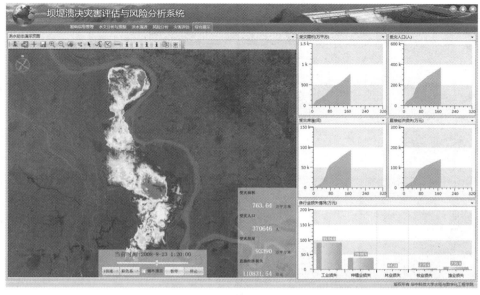

图 5-17　洪灾损失动态评估结果综合展示界面 2

变化的柱状图对直接经济损失的种植业损失、林业损失、牧业损失、渔业损失、工业损失五类指标的详细变化情况进行反映。

5.5.2　洪水灾情多级综合评价应用实例

配合洪水洪灾动态损失评估模型,采用多级模糊聚类迭代综合评价模型以及投影寻踪综合评价模型,分析受灾人口、受灾面积、房屋损失及直接经济损失四类指标数据,对洪水灾害损失评估结果进行综合评价。

1. 多级模糊聚类迭代综合评价模型

在获得了损失评估模型的评估结果(即受灾人口、受灾面积、房屋损失及直接经济损失)四类指标数据后,对数据进行整理分析,并且为了消除时空分布不同引起的评估误差,对数据进行归一化处理,采用受灾人口/当年人口总数、受灾面积/地区总面积、房屋损失/地区总房屋直接经济损失/当年 GDP 总值相对值指标取代受灾人口、受灾面积、房屋损失和直接经济损失来进行评估。图 5-18 和图 5-19 分别为模糊聚类迭代模型评估界面及相关洪灾等级专题图绘制展示界面。

2. 投影寻踪综合评价模型

对大量历史数据进行综合分析,并运用模糊理论计算出相对值分级标准(分级标准见图 5-20 右上区域),并将之运用于投影寻踪综合评价模型中。投影寻踪综

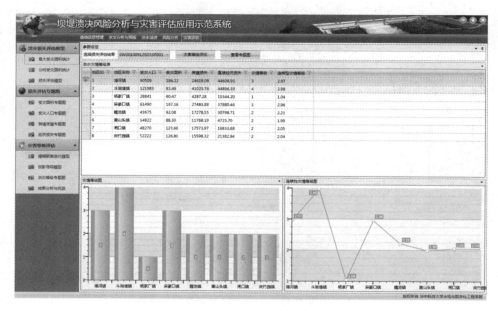

图 5-18　模糊聚类迭代模型评估界面

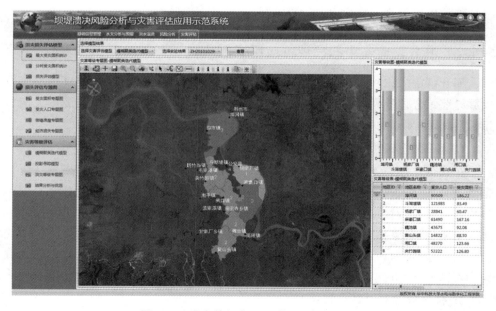

图 5-19　洪灾等级专题图绘制展示界面 1

合评价模型评估界面如图 5-20 所示。

图 5-20　投影寻踪综合评价模型评估界面

洪灾等级专题图绘制展示界面如图 5-21 所示。

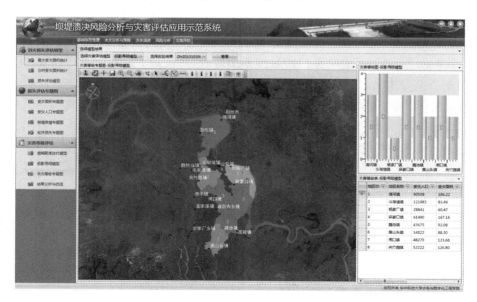

图 5-21　洪灾等级专题图绘制展示界面 2

第6章

洪水风险分析与灾害评估应用示范系统开发、集成及应用

本章主要聚焦于典型洪水敏感区,通过分析灾害演化,深入探讨洪水对人类、社会、经济和环境的影响机制。本研究识别了灾害发展中各因素的响应模式、途径、过程和动力机制,并预测了未来的变化趋势。此外,本研究清晰地解析了灾区的时空损失变化及区域响应。为应对洪水风险,本章建立了包含水文、地形、气象和财产分布的大型数据库,并集成了多种数学及 GIS 模型;通过逻辑推理,确定了洪水风险的不确定性阈值;在统一平台上,整合并共享了海量多源异构数据,分析了流域水资源管理决策支持系统的需求,并解决了数据不一致的问题;调研了管理部门的数据调用接口,并建立了针对分布式系统的 Web 服务共享平台,支持部门间数据的交互调用。针对受灾区域社会经济指标的不均匀分布和洪水特性的不规则性,我们结合水动力学二维洪水模型和现有的社会经济及土地利用数据,建立了一个目标评估体系。我们提出了一种结合 GIS 空间数据分析的动态洪灾损失评估模型,并设计了基于 Arc Engine 的系统,有效地实现了灾害损失的动态评估和直观展示。此系统能将各时段的淹没范围、水深和灾害损失情况以栅格形式存储和高度可视化呈现。

6.1 基于持续集成方法和面向服务体系的分布式松耦合系统集成平台

大型专业应用系统中包含大量的高耗时、高耗系统资源的计算过程,使用

传统线性逻辑系统架构已无法保证系统的实时交互性及稳定性。使用异步计算、分布式计算以及云计算等新兴技术能有效地解决此类问题,在系统架构上一般采用松耦合结构。

面向服务的构架(Service Oriented Architecture,SOA)利用可用服务可以快速构建松耦合的应用。作为 SOA 的关键技术,服务组合可以把独立、分布、可用的基本服务组合起来,满足用户复杂的业务需求,使其能够适应于普适计算环境。这些特点使得 SOA 适于利用现有的分布服务资源,动态地构建松耦合普适环境中的多媒体传输系统。另外,成熟的网络支撑技术,如统一描述、发现和集成(Universal Description Discovery and Integration,UDDI)协议、网络服务描述语言(Web Services Description Language,WSDL)、简单对象访问协议(Simple Object Access Protocol,SOAP)等为 Web 服务的发布和使用提供了有力的支撑,服务不仅种类繁多,而且存在大量具有竞争力的类似功能的服务。

在系统集成阶段,传统方式是将多个异构子系统进行单独的一次构建后分别发布,由此会带来三个方面的问题:①高风险,各子系统在系统开发的最后阶段才进行集成测试,会将长期积累的缺陷引入总系统框架中,严重影响系统开发进度及健康属性;②大量的重复过程,在代码编译、数据库集成、测试、审查、部署和反馈过程中,各个子系统之间会出现大量的冗余工作;③可见性差,各子系统在开发过程中无法部署测试,无法实时提供当前的构建状态和品质指标等信息。

针对以上问题以及分布式系统实际应用特点,提出了一种新的系统用来帮助科研人员发布自己的算法模型、管理试验数据及生成仿真,并研究了该系统体系持续集成的方法。通过在洪水风险分析与灾害评估应用示范系统中的应用,证明了新系统拥有无与伦比的灵活性、可扩展性以及鲁棒性,而持续集成方法极大地降低了系统开发人员的工作量,更加合理地分配了系统资源。

6.1.1　面向服务的分布式专业系统

本应用示范系统是基于 SOA 架构的松耦合系统,即是由不同开发工具开发的各功能模块通过统一的服务接口耦合在一起的系统。在系统集成阶段便于维护,各小组并行工作,且具有分工明确、支持多种开发平台和客户端访问管理、稳定性高、可扩展性强等优点。在实际应用中,允许科研人员通过主服务器消息接口提交算法模型代码,自动生成算法服务、客户端界面并提供数据支持。

本部分通过以下五个方面来介绍面向服务的大型分布式专业系统的特点。

(1)硬件拓扑结构。

系统是由四个独立运行的部分所组成的松耦合结构,包括数据库服务器群、管理群、Web 服务群以及各种种类的客户端,各部分之间的跨平台通信是通过标准规范的 XML 数据流实现的,各模块并不直接通信,而是将请求发送到 Web 服务群中的主服务器,再通过负载平衡服务器进行中转,这种模式有助于提高系统的可扩展性和鲁棒性。

(2) 软件框架。

以功能划分,系统属于三层软件结构,包括数据层、服务层与表示层。其中数据层通过数据管理服务与服务层进行数据交流,针对不同的开发平台与编程语言,数据管理服务提供了统一格式的标准数据规范,当接收到 XML 格式的数据请求时,数据管理服务将首先识别编程语言类型,并对存储过程中的数据进行编码,将对应的数据类型转换成 XML 数据流进行数据传输,以实现统一数据源的多平台支持。服务层是整个分布式系统的核心,它由主服务器与若干个异步伺服的功能服务组成,其核心部分包括数据库通信服务、GIS 服务、界面服务与算法模型服务等,各种功能服务不受地域和平台的限制,只需要在主服务器上完成服务注册以提供标准的消息接口,即可以以服务组合的形式集成进系统。表示层在形式上没有严格限定,只要满足通过网络能连接到主服务器任何形式的小程序、客户端、代码块,就能成为本分布式系统表示层的一部分。

(3) 以数据库为中心。

在本分布式系统中,开发平台和编程语言没有严格限定,事实上,科研人员可以使用任何类型的、能支持 XML 数据流编码/解码的编程语言。系统通过提供统一的数据管理服务来解决繁杂的算法模型的数据支持问题,即指定统一的 XML 通信协议,在实际运行中,各功能算法并不直接通信以减少各种编程语言之间的接口问题,而是通过对数据库的 XML 操作实现间接的互操作。

(4) 专业服务与分布式计算。

分布式计算服务由三部分组成:请求层、业务层及均衡层。通过分布式计算服务发布的消息接口,各算法模型和系统功能模块可经主服务器中转发送分布式计算请求,分布式计算服务将创建唯一标识的 XML 状态标记记录模型计算信息并实时反馈,再由均衡层通过主服务器中服务组合的注册信息指导业务层完成计算过程。

各算法模型和系统功能模块可经主服务器中转通过调用均衡层的消息接口对正在进行的计算过程进行异步操作,包括中止、暂停、返回中间结果、修改参数、重新开始等。

(5) 自动生成界面。

本系统提供的 WPF 客户端是基于模块组件式开发的富应用客户端,可以通过 XML 数据流定制系统界面,科研人员在提交算法模型后,可以对表示层的展示形式进行可视化设计并保存,在不用更新客户端程序的情况下,实现了客户端的自定义生成。

6.1.2　分布式系统的持续集成方法

前面介绍了使用持续集成方法需要解决的问题,包括持续数据库集成、持续测试、持续部署及持续反馈,下面分别就这四个方面进行阐述。

1. 持续数据库集成

在很多项目中,数据库管理员经常成为项目开发的瓶颈,他们往往需要花费大量的时间来做一些基础工作,其他的成员需要预留大量的时间给数据库管理员一个一个地解决数据库支持的小问题。事实上,数据库的集成与系统中其他部分的集成方式没有任何的不同,可以将其看作持续集成系统中的一员,作为一个独立的模块主体看待。

在面向服务的系统中,数据库管理员将数据库管理看作一个 Web 服务,与其他模块服务之间的通信也按 XML 数据流的形式通过主服务器进行中转,通过维护好统一的消息接口,数据库管理员可以花更多的时间用来对数据库层次设计进行优化。通过数据库集成服务,数据库管理员将修改提交给版本控制器,再借由中央集成器对数据库服务器进行更新,并发布新的 Web 服务以实现修改。

持续数据库集成如图 6-1 所示。

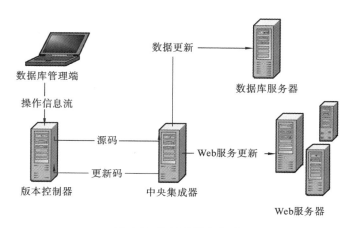

图 6-1　持续数据库集成

2. 持续测试

在分布式系统中,各功能服务是通过服务组合的形式共同实现对应功能的,因此如果有一个或多个功能服务发生改变,则应该自动测试与之相关的服务组合中的其他功能服务,因此将持续测试机制引入集成体系是必要的。

持续测试机制包括类库测试、单个服务测试、数据支持测试、服务组合测试四大步骤,持续测试服务器将测试结果提交给反馈服务器,已达到对管理者的提醒作用。

3. 持续部署

虽然各个功能服务、平台与目标域都有独特的要求,但一般而言包括以下六个步骤:①通过版本控制器列出相关服务组合的文件列表;②创建干净的发布环境,减少对条件的假设;③创建一个发布队列及针对性报告;④运行测试服务器,对已发布部分进行监控;⑤通过反馈服务器将发布过程实时反馈给相关责任人;⑥提供版本回滚功能,以保证始终拥有可运行版本。

4. 持续反馈

反馈是集成阶段重要的输出部分。通过反馈机制,开发者可以快速排除问题并保证系统稳定发布。反馈服务将对应信息推送到用户、开发者、管理者以及任何与系统相关的责任人,并保证实时、有效与表意明确。

反馈服务提供两种方式推送信息,分别是邮件形式、任务栏图标和提示音。其中邮件形式更加稳定,但是不够实时。反馈服务常常以持续闪烁的任务栏图标和提示音进行提示。

持续反馈如图 6-2 所示。

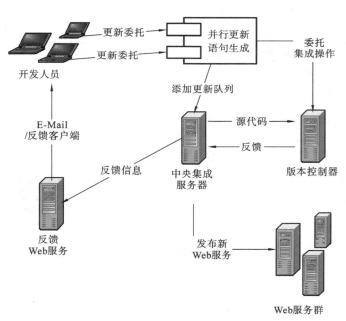

图 6-2　持续反馈

6.1.3　系统关键技术

研究工作提出了基于持续集成方法和面向服务体系的分布式松耦合系统架构。系统具有以下特点。

（1）跨平台与松耦合结构。

不同开发环境由不同程序语言编写的各种算法模型和系统功能模块通过发布统一的基于 Web 服务描述语言（Web Services Description Language，WSDL）的发现文档来完成在系统主服务器上的服务注册，各部分经系统主服务器中转，通过基于简单对象访问协议（Simple Object Access Protocol，SOAP）的 XML 数据流来实现跨平台、跨模块之间的互操作。

各算法模型和系统功能模块仅通过 WSDL 发现文档来对外公开消息接口，任何计算实体间只通过这有限的几个消息接口进行互操作，而具体实现方法完全黑箱化，这样就将各计算实体间的耦合度降到了最低，节省了大量的移植或接口补丁工作。

（2）持续集成与可拓展性。

研究工作开发的系统是一个持续更新的动态系统，科研人员可以通过调用统一的数据库操作服务完成模型前数据处理、模型参数设置、模型结果输出等功能的格式化工作，即可将各种平台、各种程序语言开发的算法模型发布为 Web 服务，再通过上传 WSDL 发现文档以完成在主服务器上的注册，结果的可视化展示可以通过主服务中转至 GIS 功能服务与界面管理服务上完成注册。

（3）远程管理本地可视化界面。

研究工作所开发的系统支持各种不同类型的客户端，只要能通过 Web 访问主服务器所发布的表示层消息接口而推送操作命令的都能看作本系统的客户端。

本系统所开发的客户端是基于 Windows 呈现基础（Windows Presentation Foundation，WPF）的动态客户端，提供了统一的编程模型、语言和框架，分离了系统界面的设计工作和功能模块开发，允许通过界面管理服务新建或管理窗体。

（4）海量数据存储与传输。

研究工作通过水动力学数据和地理空间数据的结构比较、关联、转换，实现了海量洪水淹没数据生成 ArcGIS 支持的地理空间数据结构；针对地形数据、地表数据、水文数据、水动力学数据等数据量大的特点，采用了数据金字塔结构和数据分层压缩技术，在保证数据精度的情况下实现了数据的 1∶20 无损压缩，极大减少了数据空间占用量。针对系统中存在地形数据、水文数据、水动力学数据等多种数据类型和数据量大的特点，为了保证系统数据存取和数据传输流畅，采用分布式数据库存储结构,将系统数据库分为地形数据库(地理空间数据库)、水文数据库、水动力学数据库、关系数据库。每个数据库分别独立地架设在独立的物理服务器上。在逻辑上,各个数据库又是相互关联的。数据库的物理独立性可以保证数据处理效率和数据传输效率,数据逻辑关联性保证了系统设计和跨数据库索引不需要进行额外的数据关联,在逻辑上保证了数据连贯性和整体性。

(5)大区域三维场景无缝视角转换和无延时漫游。

研究工作采用了 ArcGIS 的 Globe 三维模块,在 ArcGIS Globe 模块的基础上,结合 OpenGL 等三维仿真技术,对荆江分蓄洪区、漳河水库等特征区域进行三维地形、地貌模拟,真实地展示了各个特征区域的地表和形状;实现了三维漫游、地表测量、地形断面分析、地表径流跟踪和动态生成等功能,并结合水动力学模型,动态模拟洪水淹没过程;实时分析洪水淹没范围、洪水淹没水深,在三维场景中展示。针对荆江分蓄洪区和漳河水库地势平坦、地形宽阔和地形模拟数据量大的特点,采用了地形趋势面压缩技术,将地形数据概化读取到系统缓存区中,以极小的地形精度损失量实现三维场景中的大地型流畅显示。针对三维场景中栅格数据、矢量数据、Texture 数据量大的特点,采用了多线程渲染技术,在三维场景中对栅格数据、矢量数据、影像数据分别采用独立线程进行渲染,极大地提高了场景中数据渲染速度,将三维场景的数据渲染时间缩短了三分之二,整体上实现了场景的无缝视角转换和无延时漫游。

(6)小区域三维场景无损显示和零延迟刷新。

研究工作针对佛山禅城区和佛山三水区建筑众多、河道建模精度要求高的需求,采用了 ArcGIS 的 Scene 模块,结合 SketchUp、3D Max 等三维建模软件,实现了三维建筑、三维河道的高精度建模;针对三维洪水演进动态仿真数据要求精度高、数据量大和渲染海量等特点,采用显卡并行计算技术和动态计算相结合的原理,在保证三维场景高画质、高材质的基础上,极大地优化了三维场景的显示效率,提高了显卡的显示性能,降低了三维场景对中央处理器的依赖和减少了系统资源占用量,优化了场景显示速度,实现了 Scene 模块的无损显示和零延迟刷新。

(7)数据多线程加载及保密传输技术。

研究工作针对数据传输海量等特点,采用了数据多线程加载技术,分别开启了地形数据传输线程、水文数据传输线程、水动力学数据传输线程、关系数据库传输线程等四个线程。针对三维场景的数据需求,采用了数据预加载和数据预处理技术,根据趋势面技术和空间关联性,对数据进行预传输,提高三维场景流畅度。采用空间数据的时间关联性,实现了三维场景动态洪水演进的水动力学数据预处理。针对数据保密性,数据库和客户端连接采用了点对点的数据传输机制,使得数据只能在已建立连接的线程中进行传输,未经验证的非法请求则无法获得数据。

（8）海量 DEM 数据的读取调用方式改进。

在系统实现过程中，大数据量的 DEM 数据调用是一个很实际的问题。因为本系统使用高精度栅格 DEM 数据，因此，如果研究区域范围过大，则会由于数据量过大而引起内存不足或者计算效率低等问题。对此，本系统采用了一种分割读取解决方案，即借用影像金字塔读取数据的技术方式在预处理时将 DEM 数据进行分割，并建立索引头文件，然后根据实际需求进行区域性读取，较好地解决了一次性读取数据过大的问题。

6.2　基于统一平台的海量多源异构数据集成、组织与共享方法

流域水资源系统是一个由经济系统、水文系统、环境系统与制度体系等组成的开放式非线性复杂大系统，具有不确定性、多变性、动态性等特征，涉及多主体、多因素、多尺度信息。随着人类活动对水资源系统扰动程度的加深以及社会发展进程的高速推进，由水资源系统支撑的生态和经济两大系统在用水竞争性和系统约束性方面不断增强，因此，在利用先进的空间信息技术对现代水资源系统及其分项要素演变解读的基础上，需要引入适合非线性复杂大系统的有效分析方法。

在本章中，先识别了流域水资源管理决策支持系统数据集成方面的诸多新特性、新需求，再采用多源异构数据集成技术路线，对各数据源的分析和总结建立针对数据源的配置说明文件，通过普适计算环境下多源异构数据的抽取，将半结构化和非结构化的数据源集成结构化的数据集，并在此基础上，基于可信度与相似度分析方法解决多源异构数据集成中数据不一致问题，提出了跨领域的自动模式匹配方法及数据清洗算法，将来自多个数据源的数据融合到统一的数据视图中，为后续决策工作提供高质量的数据支持。

6.2.1　流域水资源管理决策支持系统数据统一支持平台需求分析

各类信息是流域水资源大系统规划和决策模型中起决定性作用的重要资源，主要包括三个方面：① 现有相关行业、部门的关键业务信息系统日常工作所必需的专题数据源；② 海量多源、多类型、多要素、多尺度、多时相空间数据；③ 通过互联网和监控设备实时监测收集的动态数据。复杂流域水资源大系统的内在特征给数据集成、组织和共享等方面提出了新的挑战，主要表现为以下几个方面。

1. 流域水资源管理系统数据源的新特性

在流域水资源管理中,数据管理技术面临很多传统决策支持系统所不具有的新特性。

(1)多样性。流域水资源管理系统的信息资源通常是基于动态配置的多组织网络、松散耦合、动态整合的信息。关键业务信息通常跨越各种数据模型,是属于自治组织的异构数据库,需要对数据进行快速、有效的集成,以支持数据的有效共享和科学决策;通常是半结构化或非结构化的数据,需要进行快速、精确的数据融合和分析,并且将其进行结构化处理,为科学决策提供更丰富的数据支持。

(2)不确定性。流域水资源管理系统的信息,尤其是各类预报及历史数据具有很大的不确定性,很多信息存在缺失、不完整、错误的情形,部分数据甚至以自然语言表达,难以对信息进行完整、精确的描述,需要对异构的信息进行有效的清洗和数据融合,以支持科学决策。

(3)分布性。流域水资源管理系统的数据源是高度分散的,对任何水资源管理任务来说都存在大量相关的信息源,由于与水资源相关的信息可能分布在跨地域、跨行业的不同机构中,因此确定并整合这些信息源将是一个巨大的挑战。

(4)实时性或准实时性。流域水资源管理日常调度与应急决策都强调信息的实时性,数据集成平台必须满足决策层对数据时效性的要求,需要能够实时、准确集成多数据源的信息。此外,用于辅助决策的信息资源会随着决策进程的发展,动态地增加或者减少,这也对系统的可扩展性和鲁棒性提出了更高的要求。

相关数据源的上述特性给数据集成、组织与共享方法在流域水资源管理中的应用带来了新的问题和挑战,流域水资源管理统一数据共享需要针对特定业务问题开展具体的需求分析工作。

2. 跨行业、跨部门的数据融合需求

流域水资源管理系统所涉及的信息资源具有跨行业、跨部门的特征,需要对不同领域、不同部门的信息(涉及政治、经济、环境、人口、文化、工程、管理等)进行融合,因此对数据集成技术提出了极高的要求。由于相同领域知识的数据模型便于统一,因此同领域的数据集成技术得到了很大的发展。如何将不同领域的数据进行融合仍然是数据管理领域的一个难题。

3. 数据集成需求的动态演进

对所有可能发生的情况都预先计划是不可行的,并且日常管理与突发事件应急所需的潜在资源也不可预测。另外,在水资源管理的不同阶段,数据资源的需求也会发生变化。因此需要建立一个灵活的数据支撑平台,该平台应支持动态信息集成。

综上所述,如何基于动态配置、多组织的互联网络,面向跨行业、跨部门、多层次的机构组织,针对海量、异构的信息,实现实时收集、快速处理、精确分析和有效共享,形成应对流域水资源日常管理与突发事件应急的关键信息处理理论和技术体系,是本节需要着重解决的问题和难点。

6.2.2　非结构与半结构数据集成中数据抽取问题

流域水资源管理决策支持系统所涉及的数据源有相当一部分来源于各业务单位的异构数据库、互联网网页发布的历史报告与报表、监控设备实时数据流、卫星遥感航拍数据等,具有半结构化和非结构化等特征,需要进行快速、精确的数据抽取和分析。常用的解决方案包括数据仓库与包装器两种方案。其中数据仓库方案的关键是数据抽取、转换和加载(Extraction,Transformation and Loading,ETL)以及增量更新技术,通过将所涉及的分布式异构数据源中的关系数据或平面数据文件全部抽取到中间层后进行清洗、转换、集成,其主要缺点是无法保证数据的实时性。包装器方案适用于数据量比较大且需要实时处理的集成,首先对目标数据源的数据元素以及属性标签进行预分析,再由人工辅助生成良好的训练样本,以此分别训练针对特定数据源的包装器,然后通过海量异构数据源的快速数据映射,实现各数据源之间的统一数据视图支持。

本节数据抽取所采用的技术路线基于正则表达式描述异构数据源中的有价信息,即针对不同数据源集成要求,人工设计生成适用的正则表达式及其分析树,制定数据抽取规则并开发数据抽取模型,建立由多个叶节点(即匹配子串)组成的统一异构数据源集成分析树。正则表达式是一串由普通字符与元字符组成的用于描述一定语法规则的模式字符串。文本形式的 Regex 由多层嵌套的圆括号对组成,实际应用时具有书写维护困难、可读性差等问题,通常需要将 Regex 映射成 Regex 分析树,LCMD-DSS 中使用图形用户界面(Graphic User Interface,GUI)来支持此类分析树的可视化构造,方便非专业用户定义多源异构数据配置信息。本节将使用一个实例来描述 Regex 分析树的生成方法,首先引入几个基本定义。

原子:起始于"(")""|"(")"*")"+")?")"$\{n_1,n_2\}$"下一个字符,终止于"(")"|"")"上一个字符的无圆括号非空子串称为原子。

序列:起始于"(")""|"下一个字符,且终止于"|"或对应的")"上一个字符的原子和子组(即嵌套圆括号)构成的非空串称为序列。

重复组与非重复组:由")"*")?"")"+"或")"$\{n_1,n_2\}$"($n_1>1$ 或 $n_2>1$,且 $n_2 \geqslant n_1$)封闭的组称为重复组,反之称为非重复组。

例 6-1　流域水资源决策支持系统中天气信息是基于互联网实时获取的,其中某站点实时监测的天气信息样本(概化)如图 6-3 所示,给出了一天内天气的信息记录,以"日期"开始,以"////"结束,中间以"///"标记分割日间与夜间的天气信息,现需抽取关键信息并写入数据库。

(1) 结合信息样本的特点,分析表达式中原子与序列的特性,确定重复组与非重复组,基于 GUI 人工辅助生成适用的 Regex(概化),如图 6-4 所示。

```
日期 2日星期四 日间
天气现象 多云
气温 高温 27 ℃
风向 东北风
风力 3级
///
日期 2日星期四  夜间
天气现象 多云
气温 低温 16 ℃
风向 无持续风向
风力 微风
////
```

图 6-3 某站点实时监测的天气信息样本

```
{日期\s+(.*)\r\n
  {天气现象\s+(.*)\r\n
  气温\s高温\s+(.*)℃\r\n
  风向\s+(.*)\r\n
  风力\s+(.*)\r\n}
///\r\n
{日期\s+(.*)\r\n
  天气现象\s+(.*)\r\n
  气温\s低温\s+(.*)℃\r\n
  风向\s+(.*)\r\n
  风力\s+(.*)\r\n}
////}
```

图 6-4 描述某站点数据源的 Regex(概化)

(2) 由给定 Regex 生成 Regex 分析树 $T(S,\lambda)$ 以表达数据源,如图 6-5 所示。其中 S 称作树的结构,S 中任何一个序列 n 称作 T 的一个节点。如果 S 包含一个节点 $n=b_1b_2\cdots b_k$,则必有节点 $n'=b_1b_2\cdots b_{k-1}$ 以及节点 $n'_r=b_1b_2\cdots b_{(k-1)r}$ $(0<r<b_k)$。n' 称作 n 的父节点,n 称作 n' 的子节点,没有任何子节点的 n 称作叶节点。

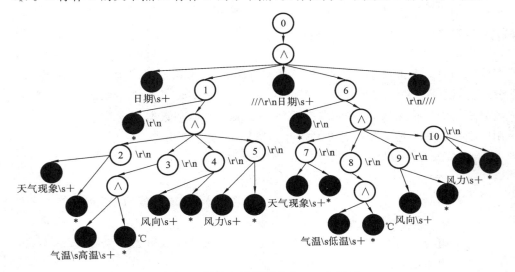

图 6-5 某站点数据源的 Regex 分析树

（3）对生成的 Regex 分析树进行自动抽取,标记号为"＊"的叶节点称为值节点
（见图 6-5）,与值节点对应的带标记号"＋"结尾的叶节点称为属性节点,需要对照
人工设定的属性白名单表剔除不相关信息,通过模型格式化生成标准结构化的
XML 数据流,发送到统一平台的数据接口。某站点数据源的值节点信息和 XML
数据流分别如图 6-6 和图 6-7 所示。

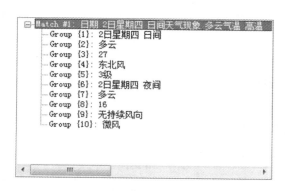

图 6-6　某站点数据源的值节点信息

```
〈天气〉
    〈日期 值＝"2日星期四 日间"〉
            〈天气现象〉多云〈/天气现象〉
            〈气温〉27〈/气温〉
            〈风向〉东北风〈/风向〉
            〈风力〉3级〈/风力〉
    〈/日期〉
    〈日期 值＝"2日星期四 夜间"〉
            〈天气现象〉多云〈/天气现象〉
            〈气温〉16〈/气温〉
            〈风向〉无持续风向〈/风向〉
            〈风力〉微风〈/风力〉
    〈/日期〉
〈/天气〉
```

图 6-7　某站点数据源的 XML 数据流

6.2.3　多源异构数据融合中数据不一致问题

流域水资源管理决策支持系统数据融合方法的核心问题是建立跨领域的自动
模式匹配方法,将来自多个数据源的数据融合到统一的模式中。主要工作是:分析
数据集成领域现有的数据一致性处理技术的特点和不足,根据流域水资源管理数
据的自身特点和实际需求,利用实体识别、相似性比较等方法,对跨领域、异构、动
态、海量的实时数据进行自动发现和清洗。基本步骤如下:根据领域专家的知识来
描述该领域一般数据模式;随着新数据源的不断加入,不断发现新的属性,并通过
概率和统计的方法来计算新属性成为一般数据模式中属性的可能性,逐步完善数
据模型描述库,从而实现领域数据模式的自动维护。通过数据类型、结构等的相似
性定义、相似性算法,提高匹配算法的效率和准确率。

模式匹配的最终目的是辅助生成映射关系,以便查询或数据转换,因此在生成
匹配结果后,需要根据数据映射的表示方法和映射操作,给出相应的数据转换机
制。流域水资源决策支持系统数据融合的主要技术路线如下:首先采用相同领域
的数据源自动模式匹配方法,实现同领域数据源之间的数据集成;然后对不同领域
中共享数据部分的数据模式进行匹配,从而实现跨领域、异构数据源的数据集成。

流域水资源管理决策支持系统数据融合方法的重点是解决数据不一致问题的

自动发现算法及自动清洗算法。在水资源管理决策支持系统数据集成过程中,数据源可能会在三个层次上产生冲突:① 数据模式,数据可能来源于不同的数据模型或是同一数据模型中的不同数据模式;② 数据表示方法,数据在数据源中由不同的自然语言或者表述体系表示;③ 数据值,在描述同一对象时可能使用了不同的数据值。由于数据描述的是现实世界的实体,首先要从实体的角度找到描述同一实体的相同属性的数据,然后根据这些数据通过相似性等算法进行属性值之间的比较,基于自动发现算法找出不一致的数据,对不一致的数据分类,根据不同类别数据不一致的特点,设计针对不同类别数据不一致的清洗算法。

Rahm 将数据质量问题按数据源和发生阶段的不同分为四类:单数据源模式层问题、多数据源模式层问题、单数据源实例层问题和多数据源实例层问题,如图6-8 所示。

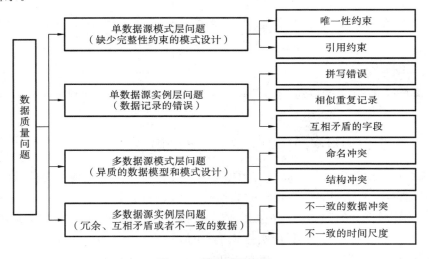

图 6-8　数据质量问题

如何解决多源数据库集成中的数据冲突问题一直是国内外的热点,Schallehn 指出数据冲突问题主要发生在对包含重叠语义和互补信息的多数据源进行数据清理过程中,使用传统的商业工具(如 SQL 的 Grouping 和 Join 等)可以解决部分数据冲突,但对于那些没有明确相等属性项的数据源而言,数据冲突问题依然是一个难题。基于相似性的数据集成模型(Similarity-based Data Integration Model,SDIM)被用来处理多源数据中的复杂冲突。

6.2.4　流域水资源管理统一数据共享平台

流域水资源管理统一数据共享平台是支持集成平台学科交叉需求的重要支

持,共享平台将基于互联网建立多学科多领域知识、案例、空间信息以及专题数据的统一共享站点,由各相关方将本学科本领域的相关知识及成果发布到平台中,提供上下游合作者基于知识产权保护下的黑箱调用接口。此外,共享平台还将基于行业内部网络建立各部门间的数据共享和调用机制,实现多个流域水资源管理相关部门(如国土部门、气象部门等)间的内部模型和数据共享,同时支持跨部门的数据调用。调研各管理相关部门的数据调用接口,建立针对分布式系统集成的 Web 服务共享平台数据存取应用程序编程接口(Application Programming Interface,API),在此基础上支持部门间的数据交互调用。

  LCMD-DSS 需要处理大量原始数据,包括传统的结构化专题数据以及其他半结构化或非结构化数据,如遥感图像、视频直播、实时音频和传感器流等。充分考虑分布式系统数据支持的特殊需求,遵循 SOA 设计思想,建立具有高度数据质量的统一数据共享平台(见图 6-9),并为多框架多开发语言的普适计算环境提供RESTful(状态无关)数据支持接口。系统的数据需求分为两大部分,即专题数据支持与空间数据支持,通过对半结构化或非结构化专题数据的抽取,并与结构化数据进行清理和融合,生成统一的专题数据支持视图。

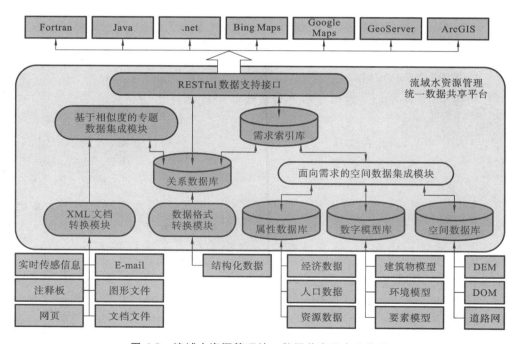

图 6-9　流域水资源管理统一数据共享平台架构图

6.3 基于 GIS 的开放式决策支持
系统交互平台动态生成技术

区域化的水资源管理问题是一个流域尺度的、考虑物理和社会经济环境的决策问题。流域空间信息由空间对象和专题对象组成。其中空间对象代表现实世界的实体,具有地理、物理、环境和社会经济属性。专题对象代表与空间对象有关的方法、模型与主题。因此,使用 GIS 整合空间对象与专题对象以表达真实空间实体并提供空间分析与数据处理功能是当前最可行的方案。模型驱动方法的核心是保证系统能最大限度地适应非专家用户(如决策者)需求,因此,用户交互平台的灵活性与丰富性是决定决策支持系统性能的主要指标。本节首先介绍实现 LCMD-DSS 交互平台的相关技术,并对交互平台的核心特性进行分析,在此基础上提出基于 WPF 的开放式交互系统动态生成方法,最后面向不同系统需求研发基于 GIS 的水资源管理空间信息交互仿真平台。

6.3.1 开放式决策支持系统平台相关技术简介

1. WPF 与 MVVM

过去十年,Windows 窗体逐步发展成为一个成熟且功能完整的工具包,但其核心技术一直是基于标准的 Windows API,其用户界面元素的可视化外观在本质上是无法定制的,因此在交互平台设计时往往采用各种替代方案,如使用贴图、书写计时器事件、绑定背景色等,极大地降低了系统的性能与鲁棒性。Windows 演示基础(Windows Presentation Foundation,WPF)作为微软新一代图形系统,通过引入一套完全革新的技术平台极大地改变了这一现状。WPF 为所有界面元素提供统一的描述和操作方法,并预留几乎全部的定制接口,允许用户对任何界面元素的所有属性进行编辑,并结合清晰且平台无关的可扩展应用程序标记语言(XMAL)进行描述,最大限度降低开发环境的限制。WPF 在显示效率上的优秀表现是基于功能强大的 DirectX 基础架构,极大地提高了交互界面对视频文件与 3D 内容的支持。

MVVM 是 Model View ViewModel 的简写,是 MVP(Model View Presenter)模式与 WPF 结合的应用方式发展演变过来的一种新型架构框架,使得开发人员可以将显示、逻辑与数据分离开,使应用程序更加细节化与可定制。MVVM 具有以下优点：① 低耦合，视图（View）可以独立于 Model 变化和修改，一个 ViewModel 可以绑定到不同的 View 上，当 View 变化的时候 Model 可以不变，当 Model 变化的时候 View 也可以不变；② 可重用性，可以把一些视图逻辑放在一个 ViewModel 里面，让很多 View 重用这段视图逻辑；③ 独立开发，开发人员可以专注于业务逻辑和数据开发（ViewModel），设计人员可以专注于页面设计，使用 Expression Blend 可以很容易设计界面并生成 XAML 代码；④ 可测试性，界面素来是比较难于测试的，而该测试可以针对 ViewModel 来写。

2. ArcEngine

ArcEngine（AE）是 ESRI 公司提供的用于构建定制应用的一个完整的嵌入式的 GIS 组件库。AE 基于核心组件库 ArcObjects（AO）搭建，拥有 AO 中大部分接口、类的功能，并具有相同的方法与属性，这一特性可以帮助开发人员快速调用组件库中 3000 余对象，并组合成各种类型的 GIS 功能以进行 GIS 平台的二次开发。在实际应用时，AE 可以通过开发平台以控件、工具、菜单和类的形式调用 AO 对象，有助于保持交互平台功能性与易用性的统一。

AE 应用在部署后需要庞大的 AE Runtime 支撑，并需要软件授权，极大地限制了 GIS 平台的推广，因此，在 LCMD-DSS 中，AE 应用往往只部署在服务器端，其核心 GIS 功能被 C♯.NET 类封装并发布为 Web Server 以方便系统框架内的自由调用，交互平台部分的 GIS 功能实现将采用无需安装运行环境且免费使用的 ArcGIS API 完成。

3. ArcGIS Server 与 ArcGIS API for Microsoft Silverlight/WPF

ArcGIS Server 是一种服务器级别的 Web GIS 应用软件，用于帮助用户在分布式环境下处理、分析并共享地理信息，支持以跨部门和跨 Web 网络的形式共享 GIS 资源，具体包括：① 地图服务，提供 ArcGIS 缓存地图和动态地图；② 地理编码服务，查找地址位置；③ 地理数据服务，提供地理数据库访问、查询、更新和管理服务；④ 地理处理服务，提供空间分析和数据处理服务；⑤ Globe 服务，提供 ArcGIS 中制作的数字；⑥ 影像服务，提供影像服务的访问权限；⑦ 网络分析服务，执行路线确定、最近设施点和服务区等交通网络分析；⑧ 要素服务，提供要素和相应的符号系统，以便对要素进行显示、查询和编辑；⑨ 搜索服务，提供当前组织中的所有 GIS 内容的搜索索引；⑩ 几何服务，提供缓冲区、简化和投影等几何计算。

ArcGIS API for Microsoft Silverlight/WPF 用于辅助构建富互联网应用和桌面应用，在应用中可以利用 ArcGIS Server 和 Bing 服务提供强大的绘图、地理编码和地理处理等功能。其 API 构建在 Microsoft Silverlight 和 WPF 平台之上，可以整合到 Visusl Studio 2010 和 Expression Blend 4 中。Microsoft Silverlight 平台

包含了一个. NET Framework CLR(CoreCLR)的轻量级版本和 Silverlight,它们都可运行在浏览器插件中。

4. OpenSceneGraph(OSG)与 OSGGIS

OSG 开发包框架是基于 C++平台与 OpenGL 技术的应用程序接口,包含了一系列的开源图形库,提供了快速开发高性能、跨平台、三维交互式虚拟现实平台的技术环境,它使用可移植的 ANSI C++以及标准模板库(STL)编写,以中间件的形式为应用程序提供各种渲染特性与空间结构组织函数,并使用 OpenGL 底层渲染 API,因而具备良好的跨平台特性,对计算机硬件要求不高,可以在普通的电脑上实现逼真的仿真效果。

OSGGIS 是 OSG 的一个分支,专注于 GIS 的应用,是使用 OSG 作为图形显示引擎的三维 GIS 项目,其宗旨是利用矢量数据建立 OSG 模型,从而建立三维地理信息可视化展示数据。OSGGIS 目前虽然还比较简单,但已经将很多基础的 GIS 理论与 OSG 进行比较好的结合。OSGGIS 可将 GIS 中的矢量数据转化为 OSG 中的场景图,OSGGIS 采用一条装配线完成这个转化过程,矢量数据从装配线的入口进入转配线,OSGGIS 引擎将矢量数据依次传递给离散的各个处理单元,最终输出 OSG 的场景图,供三维仿真使用。

6.3.2　基于 GIS 的水资源管理空间信息仿真交互技术

1. 基于 GIS 的二维仿真平台

面向水资源管理的 LCMD-DSS 系统二维 WebGIS 平台采用 SOA 系统架构模式,可有效地将 WPF 客户端、Web 服务器、数据库服务器和 GIS 服务器整合在一起,WebGIS 系统总体结构如图 6-10 所示。

Web 服务层主要负责处理用户通过 Web 浏览器和 Web 服务器发送的请求,根据用户请求经负载均衡服务器分配,从 GIS 服务器中获取相应的地图服务对象,或利用 Web 服务器直接与后台数据库进行交互,获取数据和信息。

GIS 服务器主要承担两方面作用:一是动态地图渲染和地图切片,利用地图切片技术,尽可能地减少 GIS 服务器的计算负载与通信,使系统快速响应用户对地图的请求;另一个作用是提供用户访问地图的 REST 接口,通过这些接口服务,再配合使用 ArcGIS API for WPF,就可以将 ArcGIS Server 和 WPF 结合,在. NET 环境下开发应用系统。

表示层提供空间数据表示和信息可视化功能,主要完成以下工作:为用户进行 GIS 应用,提供友好的人机界面和交互手段,接收和处理用户操作,向服务器发送服务请求,接收和处理返回的结果数据集,并将数据或服务进行可视化表现。

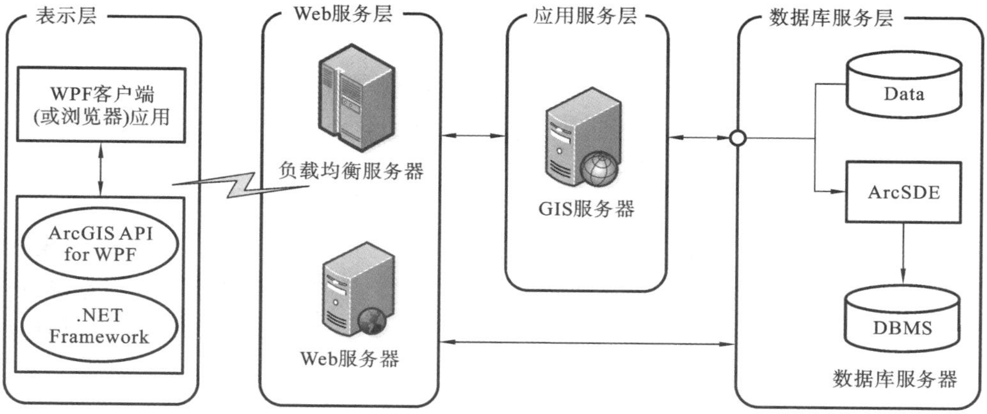

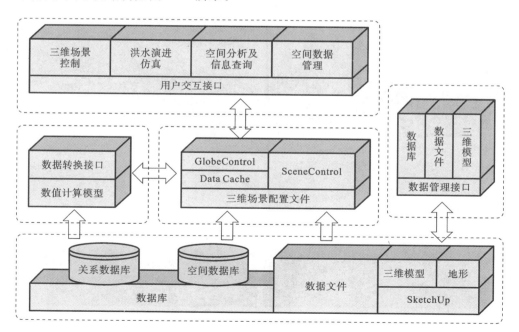

图 6-10　WebGIS 系统总体结构

2. 基于 GIS 的三维仿真平台

面向水资源管理的 LCMD-DSS 系统三维 GIS 仿真平台以 GlobeControl 场景可视化为基础,实现了基于 ArcEngine 开发包的流域水资源管理决策支持系统三维仿真,其系统结构如图 6-11 所示。

图 6-11　LCMD-DSS 系统三维 GIS 仿真系统结构

在系统实现过程中,大数据量的 DEM 数据调用是一个很实际的问题。因为本系统使用的是高精度栅格 DEM 数据,因此,如果区域范围过大,就会由于数据量过大而引起内存不足或者计算效率低的问题。对此,本系统采用了一种数据分割读取的解决方案,即借用影像金字塔读取数据的技术方式,在预处理时将 DEM 数据进行分割,并建立索引头文件,然后根据实际需求进行区域性读取。这样就可以解决一次性读取数据过大的问题。在系统三维场景的显示部分,采用了细节层次模型技术,将 DEM 和遥感影像按照场景视角的距离分成多个层次。当视角远离地形和建筑时,使用低分辨率的场景影像进行显示,当视角靠近地形和建筑时,使用高分辨率的影像进行显示。这样可以大大提高三维场景的显示速度,同时降低系统资源占用量。

3. 基于 OSGGIS 的高精度三维仿真平台

三维仿真平台采用 C++进行开发,读取洪水模型计算的数据,利用 OSG 进行渲染后输出到屏幕上。渲染的水面采用水面波动法或离散傅里叶变换方法实现水流的模拟,采用 OpenGL 进行纹理映射或粒子效果在仿真平台中进行显示。精细化仿真平台效果图如图 6-12 和图 6-13 所示,具体实现步骤如下。

（a）　　　　　　　　　　　　　　（b）

（c）　　　　　　　　　　　　　　（d）

图 6-12　天气事件仿真与物理碰撞模型效果图

图 6-13　浅水三维仿真干湿界面处理效果图

1) 流域三维空间建模

采用 Google SketchUp、3Dmax 等建模工具对所辖范围的重要建筑物进行 3D 模型构建;对所辖范围的高程数据、影像等数据,采用 ArcGIS 软件进行处理,最后用 VPB 进行三维地形建模,同时使用 OSGGIS 实现流域矢量信息的建模和融合。具体步骤如下:数据处理,对高程数据进行处理,转换为带有地理坐标的 tif 格式或 img 格式;确定地形金字塔的级数,VPB 建模会自动建立地形模型的金字塔结构,并将该金字塔结构按 PagedLOD 数据页的方式进行存储。为了确定地形金字塔的级数,要根据数据源的精度和三维仿真的需求设置合理的地形金字塔的级数。输出模型:使用 OSGDEM 进行模型生成,使用 OSGGIS 进行矢量叠加。

2) 仿真平台的构建

采用 Visual C++和 OSG 进行仿真平台的开发,实现三维场景的多种漫游,如轨迹球漫游、飞行、驾驶、地形漫游等;实现溃坝的实时三维仿真;实现洪水淹没、洪水模拟的动态可视化功能;实现可视化查询功能等。

3) 数学模型接口开发

实现三维仿真平台与溃堤和洪水淹没等模型的结合,读取这些模型的计算结果,通过 OSG 进行渲染,实现溃堤和洪水淹没的可视化仿真。

为实现逼真的三维溃堤效果,需要将系统采用的洪水模型和三维仿真平台有效地结合,需要注意二者的接口设计问题。

6.3.3　基于 WPF 的动态生成交互平台

　　LCMD-DSS 的核心目标是追求系统的功能适应性,即保证系统的决策流程能最大限度地解答决策者所关注的非结构或半结构问题,其中用户交互平台是面向决策者直接参与决策过程最主要的窗口,其高度适应性直接决定整个面向流域水资源管理决策支持系统的成败。Quesenbery 提出了"5E"评判法来判断一个用户界面是否具有良好的可用性,分别对应有效性、效率、吸引力、容错性、易学性。其中有效性与效率部分包含在 LCMD-DSS 架构中,由行业专家负责交互平台的界面设计,决策者负责反馈,在模型信用度评价机制的支撑下,这一分工将有效保证交互平台的有效性与效率。另外,这个行业专家与决策者一般情况下都不具备专业的计算机知识,因此在解决高效开发技术难题的基础上,还需要提供一套简单易用的设计平台与流程,使行业专家能直观地以界面形式传达其决策流程的设计理念;对于吸引力问题,需要提供多种主题选项,在由行业专家规划出交互平台逻辑构成后,可以方便地选择不同的主题进行美化;对于容错性与易学性问题,作为交互平台的最终使用者,应该具有足够权限和功能支撑以对推荐的客户端进行个性化修改。

　　基于 WPF 的动态生成开放式交互平台如图 6-14 所示。

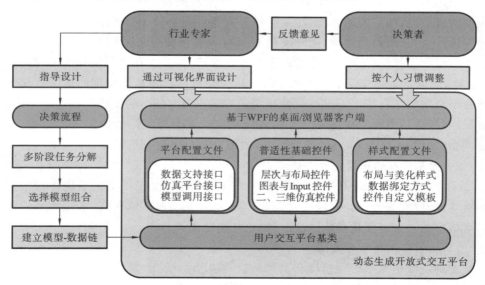

图 6-14　基于 WPF 的动态生成开放式交互平台

6.4　基于水动力学的水资源管理
情景数值仿真及可视化模拟

水动力学模型计算结果是由一系列以时间为索引的数据集组成,单个数据集中包含着每个时刻计算区域内所有计算网格内的水深、流速、地面高程、流向、经纬度以及其他专题的信息(如污染物含量、含氧量、鱼类分布等),数据量非常庞大,在数据挖掘、数据清理、空间数据聚类、组织与可视化等各个环节都有大量的工作要做。本节将分别从这些主要环节介绍 LCMD-DSS 系统在模型计算结果可视化展示方面的研究工作。

6.4.1　面向流域水资源管理的空间数据挖掘与聚类

为保证模型计算精度,面向流域水资源管理情景仿真的水动力学模型计算时间步长往往只有数秒至几分钟,且数据精度一般近似于 DEM 数据精度,大大超过了可视化所需要的信息量,并且会因数据量过大而引起内存不足或者计算效率低的问题。针对流域水资源管理情景的可视化仿真的主要目的是使决策者、行业专家与各学科科学家能对涉水时间的发展过程有一个直观的了解,因此适当地对计算结果进行抽取、采样、重分类等处理是必要的。

空间数据挖掘(Spatial Data Mining,SDM)是在一般数据挖掘发现状态空间理论基础上增加空间尺度维。常用的空间数据挖掘方法包括空间分析方法、统计分析方法、归纳学习方法及聚类方法等。本书采用基于空间分析与聚类的综合方法,即首先利用 GIS 的各种空间分析模型和空间操作对空间数据库中的数据进行深加工,从而抽取出关键的深层知识,包括空间特征规则、空间关联规则、形态特征区分规则与空间聚类规则等,面向需求进行聚类分析,分别生成专题矢量图、特征栅格图与属性数据表等,通过统一数据支持平台标准数据接口集成到 LCMD-DSS 中。以洪水淹设计算结果处理为例,从海量计算结果中提取具有代表性的特征信息并进行数据处理的流程如图 6-15 所示。

6.4.2　数字流域空间信息服务的组织与二维和三维表达

面向流域水资源管理情景仿真需求,LCMD-DSS 地理信息平台提供二维与三维两种展示形式,分别针对不同应用场景。二维可视化通过几何图形表示法和色

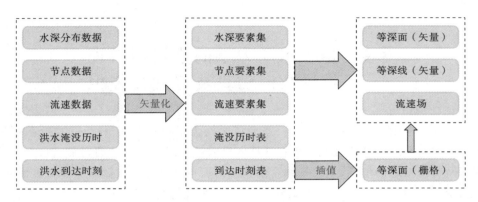

图 6-15　洪水演进过程模型计算结果空间数据处理流程示例

彩/灰度表示法分别展示空间数据库中矢量数据模型和栅格数据模型。

几何图形表示法通过使用点、线、面的方式表达空间信息所包含的内部属性，主流 GIS 支持自定义设置矢量图层的显示样式，使表达更为直观，主要应用在表达特定关注点的空间分布以及一项或多项主要特征中，如城镇中心分布图、行政区划范围图、水系分布图、湖泊流场图（见图 6-16）等。

色彩/灰度表示法通过使用栅格图片表达空间信息中某一要素的横向比较情况，按需求不同，可以对栅格图层的色阶范围、对应数值等信息进行设置，主要应用在专题图的生产中，如 DEM 图层、地下含水层专题图、水资源分布专题图、污染物分布图（见图 6-17）等。

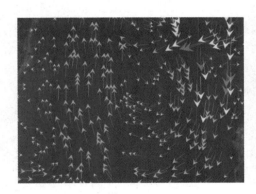

图 6-16　矢量数据展示方式示例-
湖泊流场图

图 6-17　栅格数据展示方式示例-
污染物分布图

面向水资源管理的 LCMD-DSS 系统三维仿真平台是以流域立体监测网为

基础、基于数字流域技术体系的模型集成方法,实现水文预报、防洪调度、发电调度、水电联合调度和会商决策模型综合集成;基于 3S 和智能数据挖掘技术,研究了流域水文气象、水资源、水质、泥沙、生态环境、河道形态、土地利用等海量多时相异构信息的智能组织和高效融合方法,建立了多层次时空数据模型;基于 3S 技术和层析分析法,搭建数字流域时空数据库,建立信息访问、存储、管理和发布的 WebGIS 集成框架;综合利用虚拟现实和 3D-VRGIS 技术研究并建立流域数据场和流场二维及三维水动力学过程时空表达模型和多视角可视化交互仿真环境(见图 6-18)。

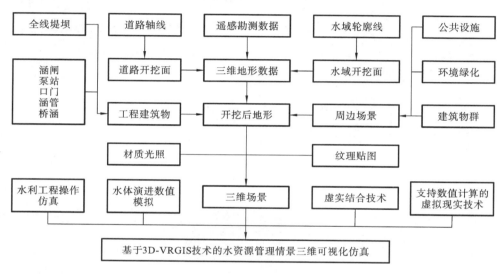

图 6-18　基于 3D-VRGIS 技术的水资源管理情景三维可视化仿真示意图

采用面向服务架构 SOA 和组合建模技术研究 GIS 平台与专业模型的无缝耦合方法,建立具有高鲁棒性和自适应能力的多域模型互操作和跨平台协同调度仿真机制,根据不同水平年梯级水库枢纽组合、电力市场背景、来水情况以及流域内生产生活用水等情况,综合考虑防洪、发电、供水、航运、泥沙等方面的因素,模拟不同情景下梯级水库的运行情况以及流域内水资源的分配情况;通过对不同水文情势、不同气候环境及不同时空尺度下的流域降雨-径流、洪水演进、生境演化及多目标调度过程进行精细化数值模拟、情景推演和历史重现,建立具有不同时空粒度与广泛适应性的统一信息平台和协同工作会商决策环境,为流域水量优化调配、水电联合调度、洪水风险控制、水生态调控等方案的优选提供强有力的决策支持(见图6-19 和图 6-20)。

图 6-19　三维水利工程模型与地形的融合示例

图 6-20　基于三维仿真平台的洪水淹没仿真示例

第7章

洪水风险分析与灾害评估
理论和方法应用示范

本章节针对荆江分蓄洪区、珠江三角洲与佛山市等典型洪水敏感区域,围绕灾害时空演化,设计并开发了一个洪水风险分析与灾害评估的应用示范系统。此系统整合了多种数学模型与3S(GIS、RS、GPS)技术,并运用逻辑推理分析不确定性洪水风险阈值。利用洪水演进、暴雨积水、结构反应及灾害评估模型库,该系统实现了洪水灾害的直观模拟、损失评估与风险决策功能。该系统依托复杂非线性动力学与现代智能进化算法,攻克了洪水风险分析、阈值定量、多级模糊风险评估与灾害动态评估等关键科学问题。该研究成果有助于评估和分析我国的洪水风险,并输出了风险分布图,为政策制定提供了科学依据。

7.1 长江荆江分蓄洪区洪水风险
分析与灾害评估应用示范

本章选取荆江分蓄洪区和珠江三角洲等典型洪水灾害敏感区域作为研究对象。其中,荆江分蓄洪区对江汉平原重要粮食生产基地和长江中下游经济发达地区的防洪安全起着极为重要的作用,该分蓄洪区面临防洪工程设施数量少、堤防堤线标准低等问题,且该地区人口密集,洪灾损失巨大,防洪形势极为严峻,因此,分蓄洪区的合理利用对有效降低长江中下游地区洪水风险和减少洪水敏感区域灾害损失具有显著意义。此外,珠江三角洲地处我国南亚热带,由西江、北江、东江冲积形成,经济发达、工业密集、水系交错复杂、堤围众多。该地区洪水主要由暴雨形成,具有时空分布不均、峰高、量大、历时长等特点,同时该区域经济发展迅速,土地利用程度越来越高,大量的围垦造地使得原有行洪通道不断减小,导致其对洪水灾害胁迫的敏感性更加突出。流域内现有大中型水利枢纽 300余座,其中约 1/3 的水库存在不同程度的病险问题,且现有堤防存在堤线长、标准低等隐患,防洪风险较大,对社会经济和人民生命财产安全构成了严重威胁。

以上述两个不同背景的典型洪水敏感区域为研究对象,进行了资料收集、数据采集、遥感信息获取、遥感数据加工、数据外控校正等前期数据处理工作,结合课题研究的理论成果,以灾害时空演化过程为核心,设计并开发了洪水风险分析与灾害评估应用示范系统,初步形成了应用示范。其中,研究了洪水灾害发展过程对人类、社会、经济和环境影响的机理,获取了灾害发展变化中不同因子的响应方式、响应途径、作用过程、动力机制及未来变化趋势,获得了对灾区灾害损失时空变化及其区域响应的清晰认识;针对洪水灾害风险,建立了水情、地貌、气象、经济等大型分布式数据库,集成多种数学模型和 3S(GIS、RS、GPS)模型,对不确定性洪水风险阈值进行了逻辑推理,并确定了各阈值水平;通过建立和运用灾变模型、洪水演进模型、暴雨积水模型、结构反应模型和灾害评估模型等组成的模型库,实现了洪水灾害的动态模拟、损失评估、风险决策等功能,在最短的时间内全面动态反映了洪水存在的风险;基于复杂非线性动力学原理和现代智能进化算法,研究了求解大规模、复杂洪水灾变系统灾害评估和风险分析模型的方法,解决了洪水灾害风险指标分析、风险阈值量化、多级模糊风险评估以及灾害动态评估研究的主要科学问题,并据此对我国现有洪水风险水平进行了分析与评价,制定了相应的风险分布图。

7.1.1 系统概述

按照软件工程规范对系统进行了需求分析并提出了设计方案,以面向对象分析方法对系统开展了功能建模,并针对该设计方案进行了科学论证。通过对应用软件规模的量度分析,提出了系统软件对象模型,并在此基础上设计了系统软件体系架构和硬件拓扑结构。系统的联动操作将涉及相同空间实体与其相关的属性数据、不同空间实体的相关属性数据、不同空间实体的空间数据、空间数据不同时态版本、空间数据不同尺度版本等之间的联动。为建立具有可重用性、可维护性、可扩展性的模块化设计模式,进行了基础数据抽象设计、短期洪水预报模型抽象设计、水动力学模型抽象设计、灾害评估模型抽象设计、动态风险分析模型抽象设计、面向多用户多方案的库表设计,以及支持图、库、表联动的控件类设计。

洪水风险分析与灾害评估应用示范系统是基于持续集成方法和面向服务体系的分布式松耦合系统,即各相互关联的异构功能模块通过 WSDL 发现文档发布统一标准的消息接口,经主服务器的服务注册,以服务组合形式定义而异步伺服的松耦合系统,各模块与模块之间、服务与服务之间、客户端与服务器之间将请求和数据结果以 XML 形式进行 SOAP 包装,并通过 HTTP 形式进行 Web 推送,从而实现跨平台、跨语言、跨地域互操作交互。通过使用持续集成方法,科研人员可以经由主服务器的统一管理消息接口新增或管理模型算法模块,更新的模块将自动发布为标准 Web 服务,并通过主服务器完成服务注册,以服务组合的形式集成进系统,因此,在未直接增加明显系统负担的基础上,系统得到了近乎无限扩展的能力。

1. 硬件拓扑结构

硬件拓扑结构如图 7-1 所示,通过以 GIS 服务器和算法模型服务群为核心的 Web 服务群,实现了空间数据和算法结果数据的动态交互,提高了各数据库系统的数据内聚性,增强了异构系统之间的数据耦合性,保障了系统数据安全性,充分实现了数据独立性。此外,使用状态监控服务器实时监测数据库集群和 Web 服务群的系统负载、吞吐量、网络连接数等参数,通过压力均衡服务器动态调节 GIS 服务器和算法模型服务群之间的数据流量和数据传输速度,实现双重服务之间的互

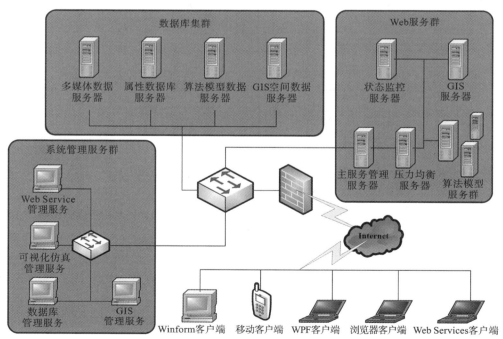

图 7-1　硬件拓扑结构

补,达到最优服务性能。针对涉密数据的安全性、保密性和系统服务的稳定性等需求,设计了基于 ASIC 架构的复合型防火墙,实现了网络边缘实时病毒防护、内容过滤和阻止非法请求等应用层服务措施。

2. 软件体系架构

洪水风险分析与灾害评估应用示范系统功能设计如图 7-2 所示,主要包括基础资料收集与处理、洪水演进数值模拟、灾害评估、风险分析与调控、洪水风险图绘制等。针对洪水灾害与风险,建立了水文气象库、流域水情库、地形地貌库、社会经济库等大型空间数据库,制作了包括数字高程模型、卫星正射影像、防洪工程分布图等多层电子地图,为相关研究工作的开展提供了详尽、可靠的空间数据支持。基于上述综合数据库和电子地图,综合运用 GIS 模型、水动力学模型、水文模型、灾害

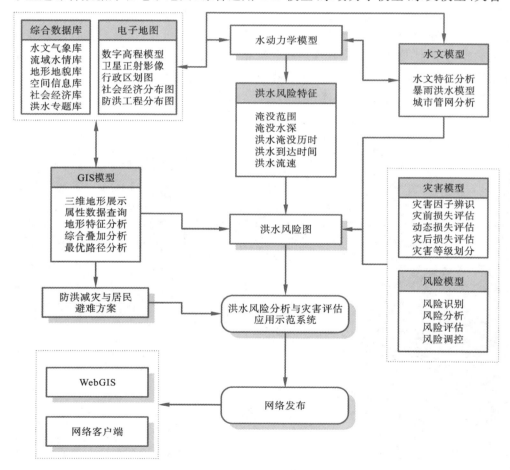

图 7-2 洪水风险分析与灾害评估应用示范系统功能设计

模型、风险模型等组成的模型库,获取了目标区域的洪水风险特征,实现了洪水灾害的预评估、动态评估及灾后评估,得到了目标区域的风险水平及相应的风险分布,并采用 GIS 技术将上述信息集成于洪水风险图,制定出相应的防洪减灾与居民避难方案,最终形成洪水风险分析与灾害评估应用示范系统。

洪水风险分析与灾害评估应用示范系统是以示范区域时空序号为索引的分布式、异步协同的多工作流应用系统,即通过管理主服务器的服务注册信息将分布伺服的各功能 Web 服务以工作流的形式进行服务组合并与系统核心模块无缝集成的软件系统。软件体系架构如图 7-3 所示,主要包括数据层、服务层、表示层三部分。

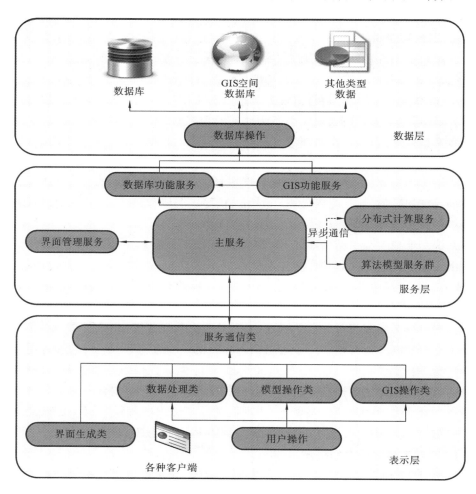

图 7-3　软件体系架构图

数据层提供了标准的 Web 服务消息接口,以仿 DataTable 结构的 XML 数据流来实现跨平台、跨语言的数据支持,包括属性数据、模型数据、空间数据、多媒体数据、工作流数据、服务注册信息,是整个系统数据处理的核心、各功能模块互操作的媒介。服务层是以主服务器为中心的、各功能服务异步伺服的松耦合集合,通过管理主服务器的服务注册信息,各功能服务以各种服务组合形式来完成指定工作流,是系统功能实现的核心,其中分布式计算服务通过异步通信的方式管理各功能服务跨工作流的模型运算。表示层作为系统与操作者的交互接口,提供了统一的消息接口,允许符合标准的任何形式的本地客户端通过 HTTP 形式向系统推送请求来操作系统工作流。

3. 系统功能模块

系统包括六大功能模块:基础信息管理、水文分析与预报、洪水演进、风险分析、灾害评估、综合展示。系统具有可操作性强、科学性强的特点,提供试验数据处理、模型算法操作、结果分析与比较等功能。系统分别以荆江分蓄洪区和佛山地区为研究区域,以孕灾、致灾、承灾因子为研究对象,通过水文分析与预报,获取多种典型水文情景模式;通过洪水演进计算,模拟不同水文情景模式下洪水的形成、发展和致灾过程;基于洪水演进计算的结果,综合考虑研究区域内自然、社会、经济、环境等诸多因素,分析研究区域的危险性和易损性,计算洪水风险等级;计算研究区域的洪灾损失值,包括受灾面积、受灾人口、受灾房屋和经济损失,进而对洪水灾情等级进行多指标综合评价。

系统功能模块菜单结构如图 7-4 所示。

洪水风险分析与灾害评估所涉及的数据包括气象、水情、雨情、工情、社会、经济、地形、地貌、遥感等,数据量庞大、类型复杂、来源不同,且灾害综合评估与风险分析计算的时空代价高。因此,针对洪水敏感区域不同管理部门和部门内不同区域的数据具有数据源相对分散的特点,为有效解决数据共享、数据发布、数据集成,设计了分布式存储的海量空间数据组织和管理模式。通过高可扩展性和可用性的共享数据库技术,实现了以空间数据服务器、算法模型数据服务器为基础,以多媒体数据服务器和属性数据服务器为动态扩展的异构多维广义耦合服务器集群。通过服务器集群之间的高速连接专线,实现服务器集群中的海量数据无延迟交换和实时传输。

4. 系统整体功能及数据流程

系统整体功能及数据流程如图 7-5 所示,其中,六大模块名称用黑色粗字体标识,系统数据流向用带箭头的连接线标识。

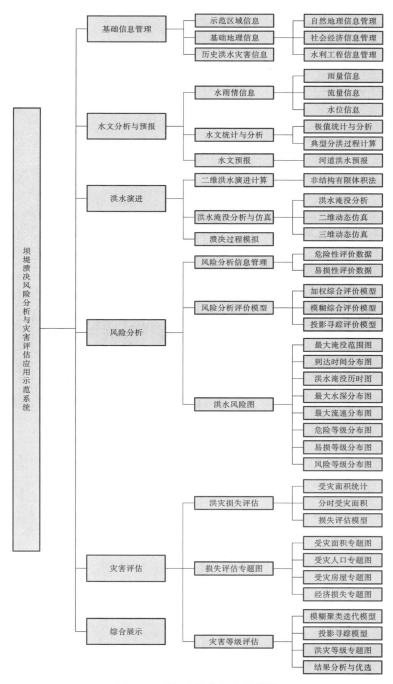

图 7-4 系统功能模块菜单结构

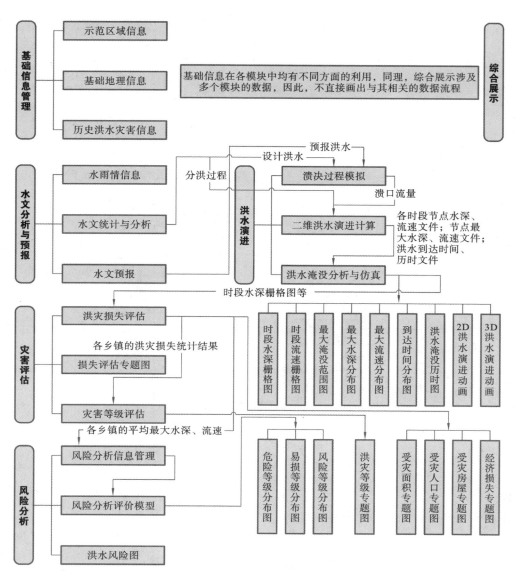

图 7-5　系统整体功能及数据流程

7.1.2　洪水来源分析子系统

在深入分析流域局部区域复杂多变的气候因素和水文特性的基础上,建立了能够反映洪水敏感区气候条件和下垫面时空变异规律的分布式水文预报模型,同时针对传统模型参数单目标率定方法不能全面反映水文特性的缺陷,基于帕累托优化理论将优化目标空间从一维拓展到高维,提出了一类基于多目标优化理论的水文模型参数率定方法,准确刻画了水文系统不同时空尺度动力学变化特性,有效提高了优化率定精度,为研究洪水致灾机制提供了重要的科学依据和技术支撑。

在水文模型参数多目标优化范式下,假设定义的多个目标存在明显的非劣关系,根据帕累托优化基本原理,优化结果不仅仅是唯一的一个参数组合,还是一个非劣参数组合集。假设目标函数均为求极小值,水文模型参数多目标优化率定的形式可以表示为

$$\min\{f_1(X), f_2(X), \cdots, f_M(X)\}$$
$$X = [x_1, x_2, \cdots, x_D] \tag{7-1}$$

目标函数选取实测流量和预报流量的对数均方误差 MSLE 与实测流量和预报流量的 4 次幂平均误差 M4E,其定义分别如下:

$$MSLE = \frac{1}{N}\sum_{i=1}^{N}(\ln Q_i - \ln \hat{Q}_i)^2 \tag{7-2}$$

$$M4E = \frac{1}{N}\sum_{i=1}^{N}(Q_i - \hat{Q}_i)^4 \tag{7-3}$$

为高效求解上述复杂多目标优化问题,提出了适用于水文模型的多目标优化算法,算法框架如图 7-6 所示。

为评价算法生成的非劣解集的特性,选取两种性能评价指标:收敛性指标 γ 和分布性指标 Δ,其定义分别如下:

$$\gamma = \frac{1}{n}\sqrt{\sum_{i=1}^{n}g_i^2} \tag{7-4}$$

$$\Delta = \frac{d_f + d_l + \sum_{i=1}^{n-1}|d_i - \overline{d}|}{d_f + d_l + (n-1)\overline{d}} \tag{7-5}$$

1. 水文信息管理模块

水文信息管理模块基于清晰的用户交互界面,提供洪水敏感流域各个水文站点和气象站点的历史及实时水雨情信息,具体包括降水、土壤含水量、径流、蒸发、气温等水文资料。雨量信息管理如图 7-7 所示,流量信息管理如图 7-8 所示。

2. 洪水特性分析模块

洪水特性分析模块根据洪水敏感区域长期观测的径流资料,对不同的流量类型进行统计分析,系统提供从数据库导入和人工输入两种方式进行原始数据输入,并以图表的方式直观地表示出不同统计分析结果,为用户掌握流域水文特性提供重要支撑。

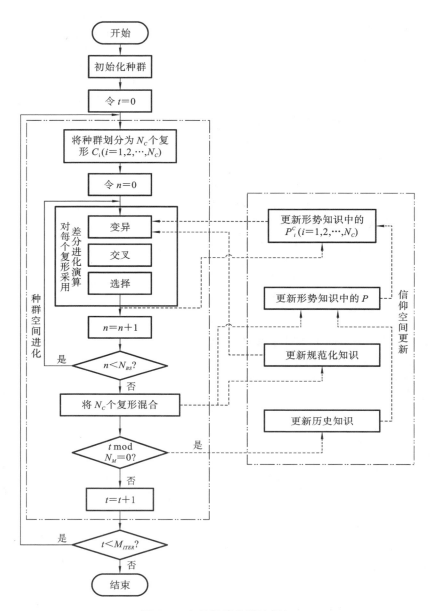

图 7-6　多目标优化算法框架

洪水特性分析如图 7-9 所示。

3. 实时洪水预报模块

实时洪水预报模块开发了一种实时洪水预报模型,集成了三种模型参数优化

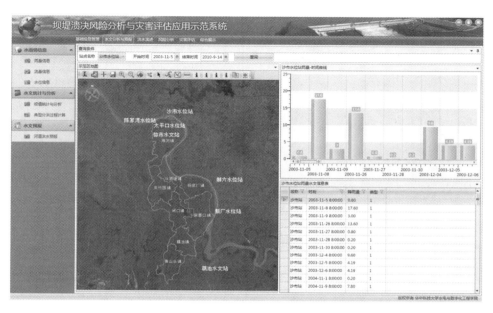

图 7-7 雨量信息管理

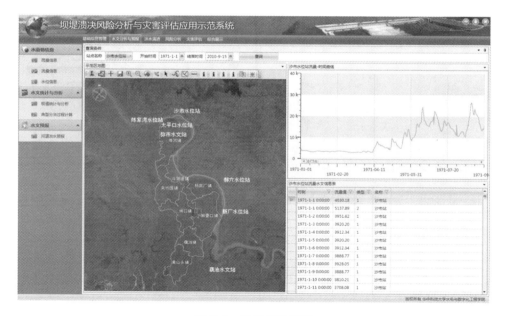

图 7-8 流量信息管理

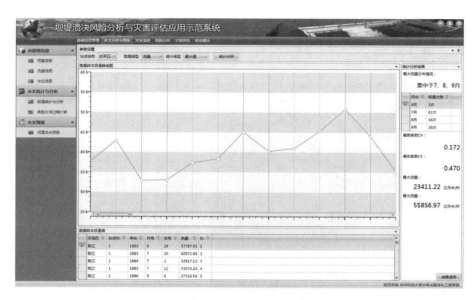

图 7-9　洪水特性分析

率定方法(手动经验设定、单目标率定、多目标率定),以洪水敏感区域实时的水雨情信息作为输入,预报未来洪水的变化过程,并以直观的图形和表格形式展示预报成果,为后续洪水灾害动态分析提供数据支撑。

实时洪水预报如图 7-10 所示。

图 7-10　实时洪水预报

4. 典型分洪过程计算模块

典型分洪过程计算模块以实测的分洪过程为基础,同比缩放得到几个典型的分洪过程,为后续模块的计算提供数据支撑。本模块提供了三种典型分洪过程:① 实测分洪过程;② 以设计分洪流量放大的分洪过程;③ 以最大分洪流量放大的分洪过程,其分洪过程以图形和表格形式展示,并给出相应的分洪过程的典型特征参数(包括分洪峰值流量、分洪历时、分洪总量)。

典型分洪过程计算如图 7-11 所示。

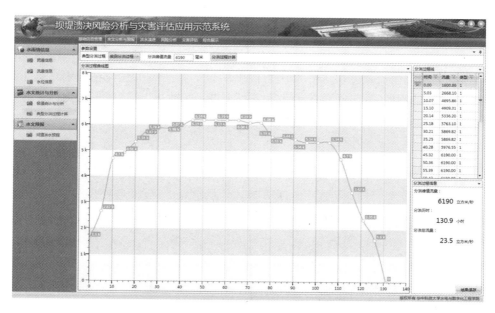

图 7-11 典型分洪过程计算

7.1.3 洪水影响分析子系统

本模块以二维浅水方程为水流控制方程,集成了三角形网格上求解浅水方程的 Godunov 型有限体积模型,可模拟具有复杂计算域和强不规则地形的二维洪水演进过程。模块具有初始条件和边界条件设置、编辑、查看功能;可根据土地利用类型数据,分布式设定糙率系数;可按用户的需求,灵活选择结果输出方式;基于多线程机制,实现了模型的后台计算,用户可同时运行本模块和其他模块。同时,3DGIS 模块在 Globe Control 的基础上,结合 OpenGL 三维仿真技术,对荆江分洪区和佛山地区进行了三维地形地貌模拟,采用 Scene Control 模块,结合 Sketchup、3D Max 等三维建模软件,实现了地形、河道和建筑高精度建模,并提供洪水演进过程仿真。

面向流域水资源管理情景的数值仿真与可视化模拟中,最为复杂且技术含量最高的是考虑不规则边界和复杂地形的浅水流动数值计算问题。针对这一难题,建立了三角形网格下求解二维浅水方程的高精度 Godunov 型有限体积模型。在空间上,引入变量重构和限制器技术,采用 HLLC 近似 Riemann 算子计算数值通量;在时间上,采用 Hancock 预测-校正法。算例结果表明,本节所提的数值模型具有强和谐且稳定的特点,在流域水资源管理情景推演领域具有较好的推广应用价值。

1. 控制方程

二维浅水方程通常考虑大范围的自由表面流动,其平面尺度远远大于水深尺度,因此忽略垂向流速并引入静水压力假设。为了保证浅水方程在静水条件下通量梯度与底坡项的平衡,在传统的浅水方程上进行了改进,其守恒形式为

$$\frac{\partial \boldsymbol{U}}{\partial t}+\frac{\partial \boldsymbol{E}}{\partial x}+\frac{\partial \boldsymbol{G}}{\partial y}=\boldsymbol{S} \tag{7-6}$$

其中

$$\boldsymbol{U}=\begin{bmatrix} h \\ hu \\ hv \end{bmatrix}, \quad \boldsymbol{E}=\begin{bmatrix} hu \\ hu^2+g(h^2-b^2)/2 \\ huv \end{bmatrix}$$

$$\boldsymbol{G}=\begin{bmatrix} hv \\ huv \\ hv^2+g(h^2-b^2)/2 \end{bmatrix}$$

$$\boldsymbol{S}=\boldsymbol{S}_0+\boldsymbol{S}_f=\begin{bmatrix} 0 \\ g(h+b)S_{0x} \\ g(h+b)S_{0y} \end{bmatrix}+\begin{bmatrix} 0 \\ -ghS_{fx} \\ -ghS_{fy} \end{bmatrix}$$

其中:h 代表水深;u 和 v 分别代表 x 和 y 方向的流速;b 为底部高程;S_{0x} 和 S_{0y} 分别是 x 和 y 方向的底坡斜率,假定底部是确定的,即 $b=b(x,y)$,则 $S_{0x}=-\partial b/\partial x$,$S_{0y}=-\partial b/\partial y$;$g$ 是重力加速度;S_{fx} 和 S_{fy} 分别是 x 和 y 方向的摩阻斜率,其表达式为

$$S_{fx}=\frac{n^2 u\sqrt{u^2+v^2}}{h^{4/3}}, \quad S_{fy}=\frac{n^2 v\sqrt{u^2+v^2}}{h^{4/3}} \tag{7-7}$$

2. 数值计算方法

以任意三角形作为计算单元,采用格子中心形有限体积法在第 i 个计算单元对方程(7-6)进行离散,得到如下离散方程:

$$\Omega_i \frac{\mathrm{d}\boldsymbol{U}_i}{\mathrm{d}t} + \oint_{\Gamma_i} \boldsymbol{F} \cdot \boldsymbol{n}\,\mathrm{d}l = \boldsymbol{S}_i \tag{7-8}$$

其中：$\boldsymbol{U}_i$ 是网格平均守恒向量；Ω_i 和 Γ_i 分别是第 i 个计算单元的面积与边界；$\boldsymbol{n}$ 为计算单元各边界的单位外法线向量；$\mathrm{d}l$ 为弧微元；$\boldsymbol{S}_i$ 为第 i 个计算单元的底坡原项。被积函数 $\boldsymbol{F} \cdot \boldsymbol{n}$ 为外法向的数值通量，其中 $\boldsymbol{F}=[\boldsymbol{E},\boldsymbol{G}]^{\mathrm{T}}$。进一步由式（7-8）可得

$$\boldsymbol{U}_i^{n+1} = \boldsymbol{U}_i^n - \frac{1}{\Omega_i}\sum_{k=1}^{3} \boldsymbol{F}_k(\boldsymbol{U}_{\mathrm{L}},\boldsymbol{U}_{\mathrm{R}}) \cdot \boldsymbol{n}_k L_k + \frac{1}{\Omega_i}\boldsymbol{S}_i \tag{7-9}$$

其中：n 为时间步；k 和 L 为单元的边序号和边长；$\boldsymbol{U}_{\mathrm{L}}$ 与 $\boldsymbol{U}_{\mathrm{R}}$ 为单元边界的左、右黎曼状态量。引入旋转矩阵及其逆矩阵：

$$\boldsymbol{T}_n = \begin{bmatrix} 1 & 0 & 0 \\ 0 & n_x & n_y \\ 0 & -n_y & n_x \end{bmatrix}, \quad \boldsymbol{T}_n^{-1} = \begin{bmatrix} 1 & 0 & 0 \\ 0 & n_x & -n_y \\ 0 & n_y & n_x \end{bmatrix} \tag{7-10}$$

其中：$\boldsymbol{n}=(n_x,n_y)^{\mathrm{T}}$。考虑浅水方程的旋转不变性，则有

$$\boldsymbol{F}_k(\boldsymbol{U}_{\mathrm{L}},\boldsymbol{U}_{\mathrm{R}}) \cdot \boldsymbol{n}_k = \boldsymbol{T}_{n_k}^{-1}\boldsymbol{E}(\boldsymbol{T}_{n_k}\boldsymbol{U}_{\mathrm{L}},\boldsymbol{T}_{n_k}\boldsymbol{U}_{\mathrm{R}}) \tag{7-11}$$

由式（7-11）可知计算二维浅水方程的对流数值通量可转化为计算一维 Riemann 问题。求解 Riemann 问题有很多方法，其中精确求解、HLLC 近似求解以及 Roe 求解方法比较常见。采用 HLLC 近似求解方法计算 Riemann 问题：

$$\boldsymbol{F}(\boldsymbol{U}_{\mathrm{L}},\boldsymbol{U}_{\mathrm{R}}) \cdot \boldsymbol{n} = \begin{cases} \boldsymbol{F}(\boldsymbol{U}_{\mathrm{L}}) \cdot \boldsymbol{n}, & s_1 \geqslant 0 \\ \boldsymbol{F}_{*\mathrm{L}}, & s_1 < 0 \leqslant s_2 \\ \boldsymbol{F}_{*\mathrm{R}}, & s_2 < 0 < s_3 \\ \boldsymbol{F}(\boldsymbol{U}_{\mathrm{R}}) \cdot \boldsymbol{n}, & s_3 \leqslant 0 \end{cases} \tag{7-12}$$

其中：$\boldsymbol{F}(\boldsymbol{U}_{\mathrm{L}}) \cdot \boldsymbol{n}$、$\boldsymbol{F}_{*\mathrm{L}}$、$\boldsymbol{F}_{*\mathrm{R}}$ 和 $\boldsymbol{F}(\boldsymbol{U}_{\mathrm{R}}) \cdot \boldsymbol{n}$ 由式（7-13）给出；s_1、s_2、s_3 为波速。

$$\boldsymbol{F}(\boldsymbol{U}) \cdot \boldsymbol{n} = \begin{bmatrix} hu_\perp \\ huu_\perp + \frac{1}{2}g(h^2-b^2)n_x \\ hvu_\perp + \frac{1}{2}g(h^2-b^2)n_y \end{bmatrix}$$

$$\boldsymbol{F}_{*\mathrm{L}} = \begin{bmatrix} (\boldsymbol{E}_{\mathrm{HLL}})^1 \\ (\boldsymbol{E}_{\mathrm{HLL}})^2 n_x - u_{/\!/,\mathrm{L}}(\boldsymbol{E}_{\mathrm{HLL}})^1 n_y \\ (\boldsymbol{E}_{\mathrm{HLL}})^2 n_y + u_{/\!/,\mathrm{L}}(\boldsymbol{E}_{\mathrm{HLL}})^1 n_x \end{bmatrix} \tag{7-13}$$

$$\boldsymbol{F}_{*\mathrm{R}} = \begin{bmatrix} (\boldsymbol{E}_{\mathrm{HLL}})^1 \\ (\boldsymbol{E}_{\mathrm{HLL}})^2 n_x - u_{/\!/,\mathrm{R}}(\boldsymbol{E}_{\mathrm{HLL}})^1 n_y \\ (\boldsymbol{E}_{\mathrm{HLL}})^2 n_y + u_{/\!/,\mathrm{R}}(\boldsymbol{E}_{\mathrm{HLL}})^1 n_x \end{bmatrix}$$

其中：$u_\perp = un_x + vn_y$ 和 $u_\parallel = -un_y + vn_x$、$(E_{HLL})^1$ 和 $(E_{HLL})^2$ 为法向通量 E_{HLL} 的第一、二个通量。E_{HLL} 表达式为

$$E_{HLL} = \frac{s_3 E(TU_L) - s_1 E(TU_R) + s_1 s_3 (TU_R - TU_L)}{s_3 - s_1} \tag{7-14}$$

由式（7-12）和式（7-14）可知，波速近似在 HLLC 求解器计算数值通量的过程中至关重要。采用 Einfeldt 波速计算方法：

$$s_1 = \begin{cases} \min(u_{\perp,L} - \sqrt{gh_L}, u_{\perp,*} - \sqrt{gh_*}), & h_L > 0 \\ u_{\perp,R} - 2\sqrt{gh_R}, & h_L = 0 \end{cases}$$

$$s_3 = \begin{cases} \max(u_{\perp,R} + \sqrt{gh_R}, u_{\perp,*} + \sqrt{gh_*}), & h_R > 0 \\ u_{\perp,L} + 2\sqrt{gh_L}, & h_R = 0 \end{cases} \tag{7-15}$$

$$s_2 = \frac{s_1 h_R (u_{\perp,R} - s_3) - s_3 h_L (u_{\perp,L} - s_1)}{h_R (u_{\perp,R} - s_3) - h_L (u_{\perp,L} - s_1)}$$

其中：h_* 和 $u_{\perp,*}$ 为中间状态量，且

$$h_* = \frac{1}{2}(h_L + h_R), \quad u_{\perp,*} = \frac{\sqrt{h_L} u_{\perp,L} + \sqrt{h_R} u_{\perp,R}}{\sqrt{h_L} + \sqrt{h_R}} \tag{7-16}$$

假如以各单元形心处的值作为界面处局部 Riemann 问题的初始间断条件，则模型在空间上仅具有一阶精度，会产生较大的数值耗散。采用 MUSCL 方法对界面左、右两侧的变量进行重构：

$$p_L = p_i^{n+1/2} + \nabla_i p^n \cdot r_i, \quad p_R = p_j^{n+1/2} + \nabla_j p^n \cdot r_j \tag{7-17}$$

其中：下标 L 和 R 分别为求解局部 Riemann 问题的左、右状态；i 和 j 分别为相应的左、右两条边；p 为守恒变量；r_i 为界面中点相对于单元形心的位置矢量；限制梯度等详见宋利祥等人的研究；上标 $n+1/2$ 表示预测步结果：

$$\eta_i^{n+1/2} = \eta_i^n - \frac{\Delta t}{2} \left(h\,\overline{\partial_x u} + h\,\overline{\partial_y v} + u\,\overline{\partial_x h} + v\,\overline{\partial_y h} \right)\bigg|_i^n$$

$$u_i^{n+1/2} = \frac{1}{1 + gn^2 h^{-4/3}\sqrt{u^2 + v^2}\,\Delta t/2}\left[u - \frac{\Delta t}{2}\left(u\,\overline{\partial_x u} + g\,\overline{\partial_x \eta} + v\,\overline{\partial_y u} \right) \right]\bigg|_i^n \tag{7-18}$$

$$v_i^{n+1/2} = \frac{1}{1 + gn^2 h^{-4/3}\sqrt{u^2 + v^2}\,\Delta t/2}\left[v - \frac{\Delta t}{2}\left(u\,\overline{\partial_x v} + g\,\overline{\partial_y \eta} + v\,\overline{\partial_y v} \right) \right]\bigg|_i^n$$

综上，从 $n\Delta t$ 到 $(n+1)\Delta t$ 的具体步骤如下。

（1）计算时段 n 时的限制向量。

（2）通过式（7-19）计算预测步的结果。

（3）由式（7-17）得到 $n+1/2$ 左、右状态的重构值。

（4）由式（7-12）通过重构值计算得到单元界面处的数值通量，并采用中心形近似方法离散底坡项，其计算公式为

$$S_{i,0x} = -\int_{C_i} g(h+b)\frac{\partial b}{\partial x}\mathrm{d}\Omega = -g(h_i+b_i)\frac{\partial b}{\partial x}\bigg|_i \Omega_i$$

$$S_{i,0y} = -\int_{C_i} g(h+b)\frac{\partial b}{\partial y}\mathrm{d}\Omega = -g(h_i+b_i)\frac{\partial b}{\partial y}\bigg|_i \Omega_i$$

(7-19)

其中：$S_{i,0x}$ 和 $S_{i,0y}$ 分别为 x 和 y 方向上的底坡近似。

（5）采用半隐式格式离散摩擦项，进一步结合已计算得到的数值通量和底坡项，计算得到 $n+1$ 时段的状态量。

非结构网格模型参数设置界面如图 7-12 所示。

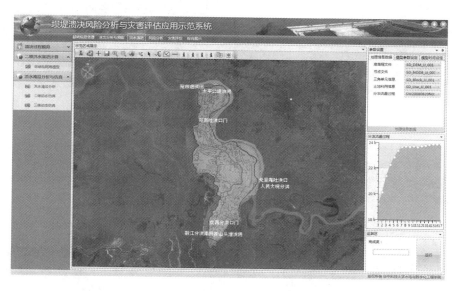

图 7-12　非结构网格模型参数设置界面

二维洪水演进界面如图 7-13 所示。

三维洪水演进界面如图 7-14 所示。

7.1.4　洪灾损失评估子系统

洪灾损失评估按其类型可以分为灾前预测评估、灾中实时快速评估以及灾后调查评估，传统上洪灾的预报多是洪水预报，对洪水的灾害行为只能是定性、半定量的分析，洪水风险分析与灾害评估应用示范系统洪灾损失动态评估子系统基于二维浅水模拟很好地解决了这一技术难题，即利用多时相的遥感信息与水动力学模型计算结果，通过对比叠加分析，可以精细化地解析出洪灾敏感区域内洪水灾情时空演化过程。整个评估过程基于科学的洪灾预测数据，且统计过程充分考虑洪

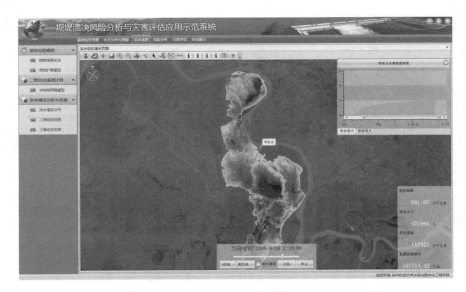

图 7-13　二维洪水演进界面

图 7-14　三维洪水演进界面

灾承灾体特性以及洪水淹没时间等因素,并基于栅格级别进行迭代分析,可以得到高精细度的洪灾损失定量评估结论。评估结果动态、直观地在系统平台中展示,灾害损失动态评估系统结构如图 7-15 所示。

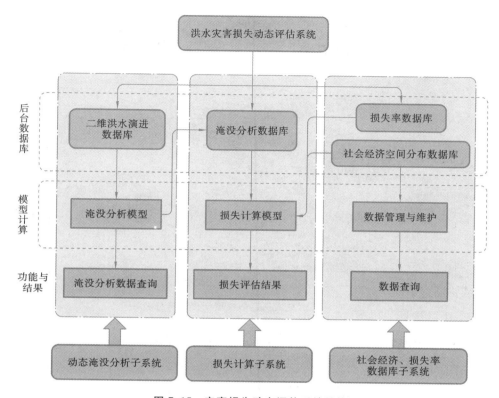

图 7-15　灾害损失动态评估系统结构

综合考虑承灾体特性以及洪水淹没时间等因素,洪水灾害损失评估模型的计算公式为

$$W_j = \sum_i \sum_j \sum_k \sum_m \alpha_i B_{ij} \eta_{jkm} \qquad (7\text{-}20)$$

其中:W_j 为第 j 类承灾体对应经济指标的损失值;α_i 表征评估单元类型,且

$$\alpha_i = \begin{cases} 1, & \text{单元类型为城市或农村居民地、耕地、林牧渔业用地等} \\ 0, & \text{单位类型为未利用土地或原水体等} \end{cases} \qquad (7\text{-}21)$$

B_{ij} 为第 i 个洪水单元中第 j 类承灾体受灾前的价值;η_{jkm} 为第 j 种承灾体在第 k 级水深状态下经历第 m 级淹没历时的损失率。

灾害评估模块分为两大步骤,即损失评估与灾情等级评估。其中损失评估模型通过分析处理洪水演进计算结果,得到示范区内各行政区域的最大受灾面积以及时空变换规律,系统提供多种图表模式展示模型结果,如图 7-16 所示,展示的是各个行政区域淹没面积的不同水深分布的横向比较图,并可以查看到单个行政区域不同水深分布的量化情况。

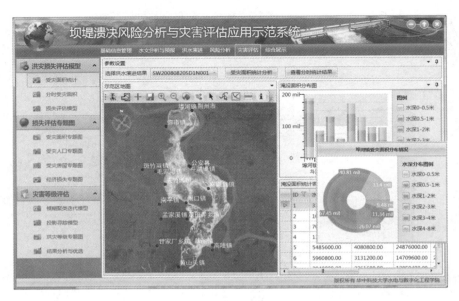

图 7-16　洪灾损失评估模型受灾情况分析

分时受灾面积模块允许对指定行政区域、指定水深范围以及指定承灾体进行查询,结果以曲面图进行展示,如图 7-17 所示。

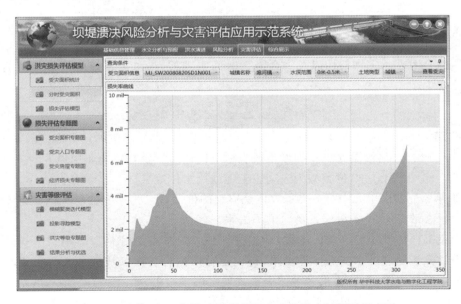

图 7-17　城镇-水深范围-土地类型组合查询洪水过程时间序列

通过结合淹没历时信息及指定损失率等数据,进行洪灾损失动态评估,并使用专题图的形式将洪灾损失各项指标中的最大值进行展示,分别是受灾面积专题图、受灾人口专题图、受灾房屋专题图、经济损失专题图,此处也提供专题图编辑打印功能,其分时损失结果将在之后的综合展示模块中得到应用。

洪灾损失评估模型以城镇为单位统计损失情况如图 7-18 所示。

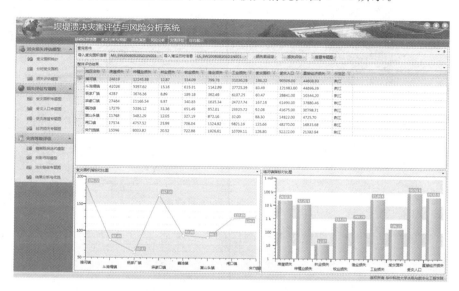

图 7-18　洪灾损失评估模型以城镇为单位统计损失情况

经济损失专题图如图 7-19 所示。

在此基础上,系统实现了灾害等级评估模块,该模块集成了针对评价指标标准缺失情况的多级模糊聚类迭代综合评价模型和给定确切评价指标标准情况下的投影寻踪聚类综合评价模型,对损失评估模块中的各区域洪水损失评估结果进行综合评价,并针对受灾地区给出相应的受灾程度。

模糊聚类迭代模型的模型数据主要来源于损失评估结果,即示范区中以行政区划的各种评估指标(受灾人口、经济损失、受灾房屋、受灾面积)受灾情况。选择损失评估结果,客户端将下载相应数据并展示在界面中,点击灾情等级评估,将调用灾害等级评估服务对指定损失评估结果进行分析计算,运行结果包括各行政区的灾情等级以及连续型等级指数,并分别以柱状图与折线图展示,通过点击查看专题图可以跳转到专题图展示界面来直观地查看对应的模型结果。

投影寻踪模型的模型数据除包括损失评估结果外,还包括分级标准灾情等级评估相对值标准表,点击灾害等级评估,将调用灾情等级评估服务进行分析计算,

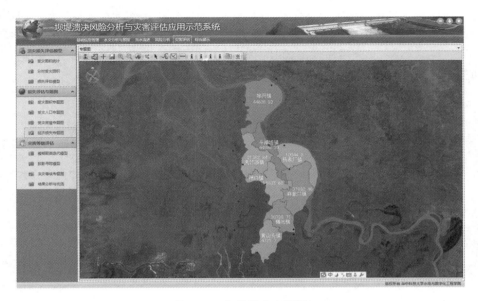

图 7-19　经济损失专题图

同样可以通过柱状图、折线图以及专题图的形式来查看结果，如图 7-20～图 7-22
所示。

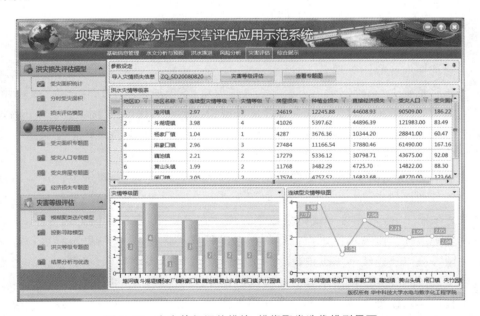

图 7-20　灾害等级评估模块-模糊聚类迭代模型界面

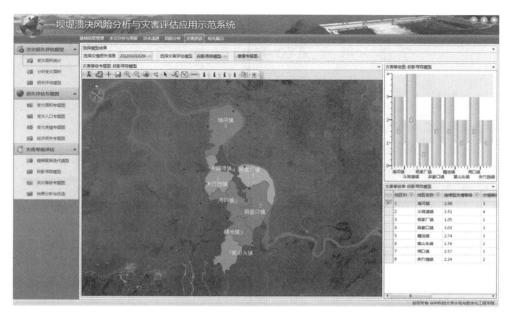

图 7-21　灾害等级评估模块-投影寻踪模型界面

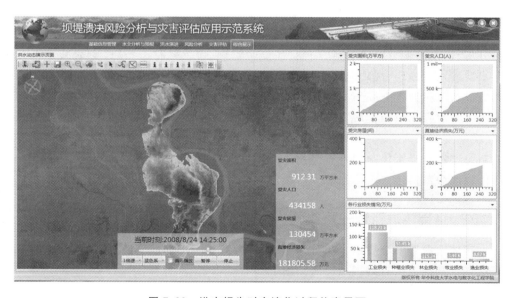

图 7-22　洪灾损失时空演化过程仿真界面

7.2 洪水风险图编制与应用平台

2013 年 6 月,国家财政部、水利部正式启动了全国重点地区洪水风险图编制项目。为加强项目建设管理,2014 年 3 月水利部办公厅印发了《全国重点地区洪水风险图编制项目建设管理细则(试行)》。研究团队于 2014—2015 年共承担了湖北省三项洪水风险图编制项目,其中荆江分洪区风险图编制项目从 2014 年 6 月下旬开始,先后经历现场调研和勘察、技术大纲的编写、预评审和评审,基础资料的收集、加工处理和整理,计算方案确定,洪水分析计算,洪水影响分析计算,避洪转移分析,洪水风险图编制成图和出图,洪水风险图标准化,以及系统集成等工作,项目初步成果于 2015 年 2 月 11 日通过专家技术审查,成为全国率先完成项目成果技术审查的地区之一。

7.2.1 系统概述

根据洪水风险图编制工作的需要和《洪水风险图编制技术细则》《全国山洪灾害防治项目建设管理办法》等指导文件要求,研究团队设计并开发建立了荆江分洪区洪水风险图编制与应用平台。该平台系统主体功能模块包括基础信息管理、洪水分析、洪水影响分析、风险图绘制、风险图管理、避洪转移分析、应急避险决策及洪水演进八大模块,成功解决了跨平台与松耦合结构、分布式计算与异步通信、持续集成与可拓展性、远程管理本地可视化界面、海量数据存储与传输等关键技术,实现了与水利水电科学研究院所开发的各专业软件无缝集成。通过完善的技术培训、文档支持与人工服务,荆江分洪区洪水风险图编制与应用平台能为业主独立完成系统操作及洪水风险图补充编制等工作提供有力保障。

荆江分洪区洪水风险图编制与应用平台功能框图如图 7-23 所示。

7.2.2 基础信息管理子系统

基础数据查询与展示工作分为三部分:自然地理信息、社会经济信息与水利工程信息。基础数据查询展示界面如图 7-24 所示。

1. 自然地理信息

选择自然地理信息,窗体中荆江分洪区自然地理信息包括道路网信息、河网湖泊信息、土地利用信息、数字高程信息、遥感影像五部分。分别点击相关按钮,可展

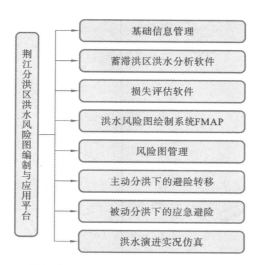

图 7-23 荆江分洪区洪水风险图编制与应用平台功能框图

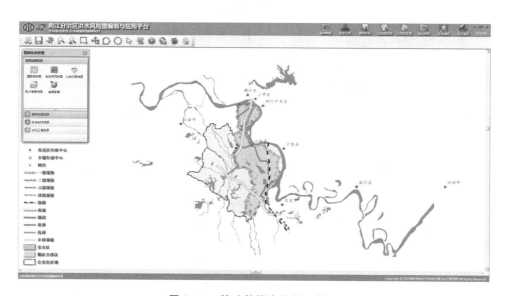

图 7-24 基础数据查询展示界面

示相关信息。

荆江分洪区土地利用展示界面如图 7-25 所示。

2. 社会经济信息

在基础数据主界面左侧窗体选择社会经济信息,窗体中展示的可供查询的荆

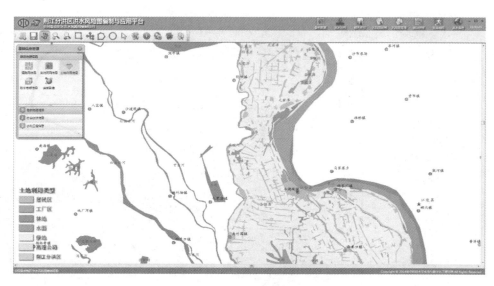

图 7-25 荆江分洪区土地利用展示界面

江分洪区社会经济信息包括人口信息、工业产值信息、农业产值信息三部分。分别点击相关按钮，可展示相关信息。

荆江分洪区人口信息查询界面如图 7-26 所示。

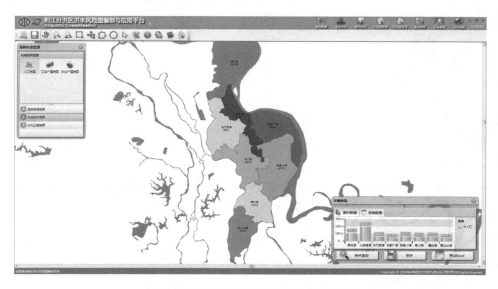

图 7-26 荆江分洪区人口信息查询界面

3. 水利工程信息

在基础数据主界面左侧窗体选择水利工程信息,窗体中罗列了荆江分洪区主要的水利工程,包括北闸、南闸、南线大堤、荆南长江干堤、虎东干堤等,如图 7-27 所示。分别点击相关按钮,可展示相关信息。

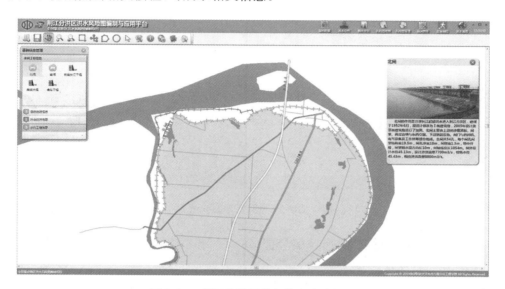

图 7-27 荆江分洪区北闸信息查询界面

7.2.3 风险图管理

风险图管理系统界面如图 7-28 所示。

点击"洪水分析方案"按钮,在下拉框中可选择已录入数据库的洪水分析方案,同时选择方案下相应的风险图类型,即可进行风险图及其相应合理性评价的查看、更新操作,如图 7-29~图 7-31 所示。

7.2.4 避洪转移分析

在荆江分洪区洪水风险图管理与应用平台中,主动分洪避险工作分为两部分:一是将分洪区内现有的预案方案数字化,在界面上展示;二是用构建的模型实现对预案规划方案优化,使得分洪区总耗时成本、总路径距离成本减小。

1. 避洪模型优化分析

主动分洪系统界面如图 7-32 所示。

点击"乡镇"按钮,在下拉框中可选择整个荆江分洪区及所包括的 8 个镇,再点

图 7-28　风险图管理系统界面

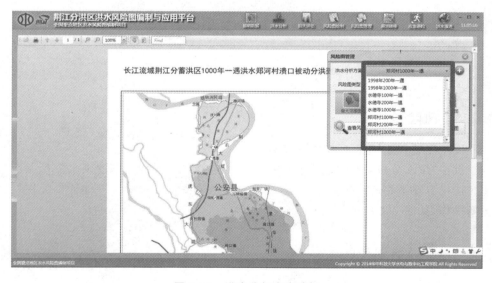

图 7-29　洪水分析方案选择

击"村庄"按钮,选择归属这个镇的所有村或某一个村,选择的镇、村庄都会出现在下方"列表"右边文本框内,如图 7-33 所示。

　　双击列表栏内的条目,鼠标会在地图上实现地理位置的定位。点击"生成方案"按钮,地图上展示主动分洪预案为选中单元规划的避险转移路线。如图 7-34

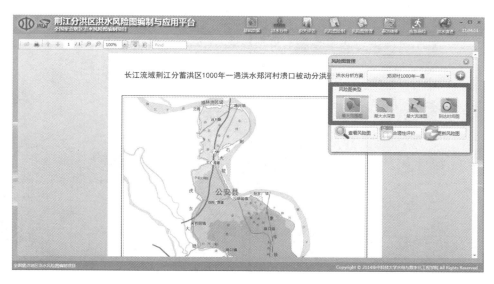

图 7-30　风险图类型选择

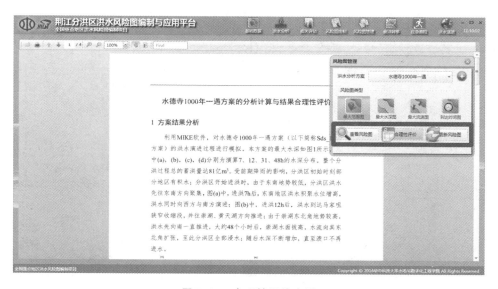

图 7-31　合理性评价查看

所示,带箭头的粗线表示避险道路,箭头指明了前行方向。与此同时,在"避洪转移优化分析"栏右侧显示这个村庄避险转移路径详情。路径详情涵盖了选中村庄的名称,转移总人口,每条路线的转移人口、转移终点、行进至终点的过程描述。

在"列表"栏内切换选择村庄时,地图上同时切换主动分洪预案为规划的避险

195

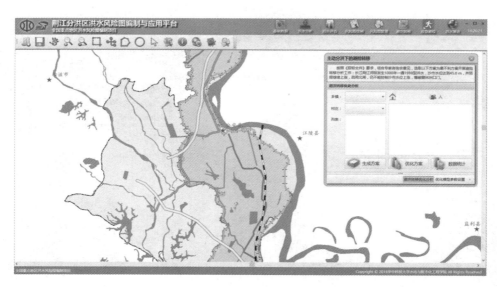

图 7-32　主动分洪系统界面

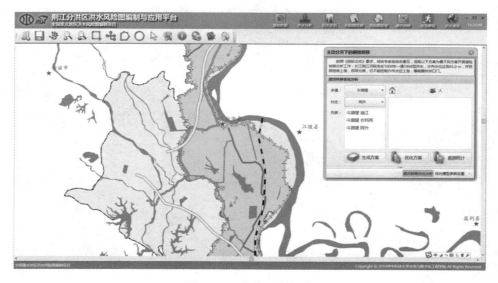

图 7-33　乡镇村庄点选

道路,右侧栏展示避险路线描述详情。当选择列表栏"荆江分洪区"时,界面展示主动分洪预案下所有村庄的避险路线,均以带箭头的粗线表示避险转移路线,如图7-35所示。

196

图 7-34　村庄定位及预案路径规划

图 7-35　整个荆江分洪区预案下的路径规划

　　此时单击列表栏内的任一项,仅有此选中项的避险转移路线以带箭头的粗线表示,其他未选中的避险路线均变暗,以灰色展示。右键单击选中村庄,实现删除选中项或清空整个列表栏内的所有项,如图 7-36 所示。

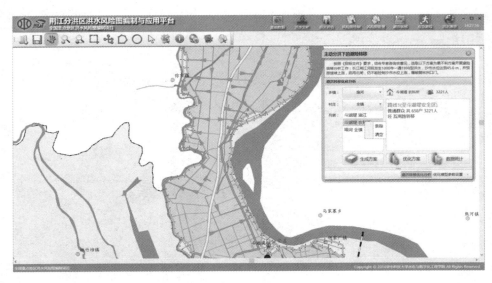

图 7-36 删除已选避险路线

欲查看优化模型为列表栏内选中项目规划的避险转移路线,点击"优化方案"按钮即可在地图上查看,以带箭头的粗线表示,箭头指明了前行方向,右侧栏文本框内显示避险转移路径详情,如图 7-37 所示。

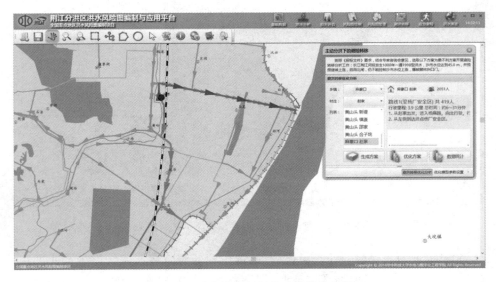

图 7-37 优化模型规划的避险转移路线

点击"数据统计"按钮,查看荆江分洪区的转移人口及安置资源概况。荆江分洪区避险转移概况统计如图7-38所示,弹出框分为四部分展示,"全区转移人口信息图"以柱状图形式展示每个镇的转移总户数、转移总人口,单位是千人;"各镇转移人口信息图"以饼状图形式展示,可查看每个镇的总转移人口在整个荆江分洪区总转移人口的比重;在"全区安置情况一览表"中可查看每个镇具体的转移总户数、转移总人口、安置房户数、安置房人口、挤住人口、搭棚人口、外转人口信息;"各镇安置情况"栏下以柱状图形式展示左侧表中的信息。

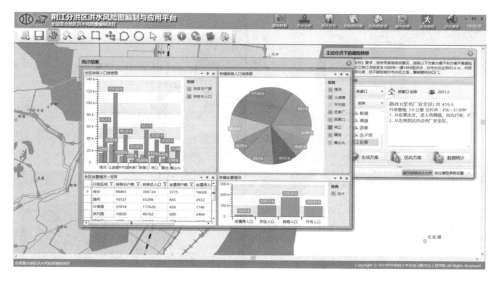

图 7-38　荆江分洪区避险转移概况统计

2. 优化模型参数设置

优化模型参数设置如图7-39所示,点击"主动分洪下的避险转移"框右下方的"优化模型参数设置"按钮,可根据用户要求对优化模型计算时的参数进行调整。在"人口单元"复选框中选择模型计算时的"人口单元",查阅《98荆州抗洪志》中的避险交通工具说明,结合国民经济增长情况,可修改各种避险交通工具的使用比例,模型计算默认值按照《98荆州抗洪志》中的说明设定。根据《城市综合交通体系规划标准》,为荆江分洪区所有的转移道路设计车速缺省值,系统也支持用户对这些交通工具的速度人为修正。点击"保存参数"按钮后,界面展示对应的优化模型规划路径,路径详情描述随之改变。

点击"方案对比"按钮,如图7-40所示,弹出"方案比较"框。将两种方案下荆江分洪区所有村庄的避险路径按照人均耗时、人均距离指标对比,在"村级单位优

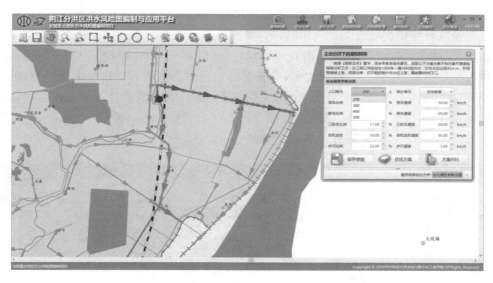

图 7-39　优化模型参数设置

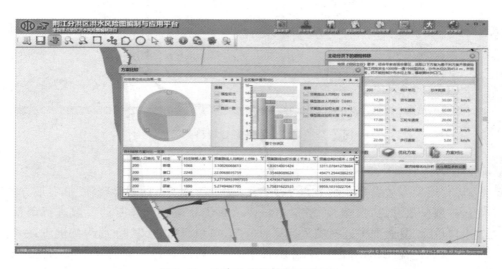

图 7-40　预案及优化模型方案对比

化结果一览"图中,预案及模型优化的村庄个数以饼状图形式展示;"全区整体情况对比"表中,以柱状图展示整个分洪区的预案路线人均耗时(单位为分钟)、模型路线人均耗时(单位为分钟)、预案路线加权长度(单位为千米)、模型路线加权长度(单位为千米)。欲查看某个村庄两种转移方案下的转移指标值,可查看"各村转移方案对比一览表"。

7.2.5　应急避险决策

荆江分洪区突发洪水险情时,分洪区内的所有人口需要迅速转移至可以避难的位置。随着洪水演进,分洪区内已被淹没的道路便不再使用,此时应根据各村庄人员数量和转移方式,同时考虑转移过程中道路拥堵情况的动态变化,运用搜索树和逐步优化技术,以耗时最短为目标函数构建被动避险模型。

1. 避险转移方案管理

应急避险决策子模块包括新建避险转移方案和避险转移方案管理两部分内容。被动避险系统界面如图 7-41 所示。

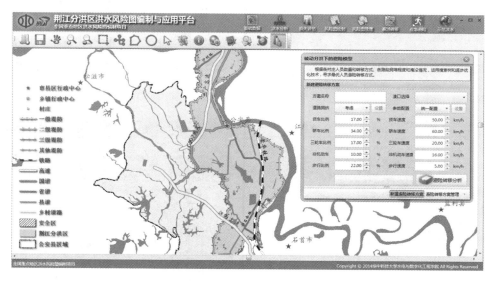

图 7-41　被动避险系统界面

避险转移方案以"方案名称"为索引进行管理,通过选择"乡镇"与"村庄"以确定检索对象,避险模型规划的避险路线详情会显示在"应急方案"文本框内,应急方案信息包含了使用不同交通工具转移的人数及转移路线。此外,地图界面上将同步展示应急避险模型规划的路线,以带箭头的粗线表示,箭头指明了前行的方向(见图 7-42)。同时,模块具备将转移路线结果与路段详情结果统一导出为 Excel 表格的功能(见图 7-43)。

点击"情景模拟"按钮,每条转移道路的拥堵情况会以不同颜色显示。将道路拥堵划分为非常畅通、畅通、轻度拥堵、中度拥堵和严重拥堵五个等级,分别以深绿色、浅绿色、黄色、橙色、红色表示。模型通过迭代求解,分析不同方案下的道路通

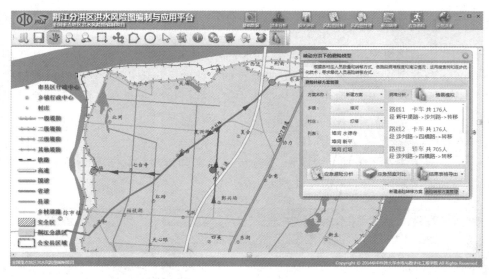

图 7-42　村庄避险路线

图 7-43　结果导出

畅变化情况,制定最优的避险转移道路。情景模拟以动画的形式更为直观、精准地展示被动避险中人员转移与道路拥堵的实时情况,如图 7-44 所示。

2. 避险转移方案管理

点击"避险转移方案管理"按钮,进入模型参数设置界面,可选择是否考虑转移

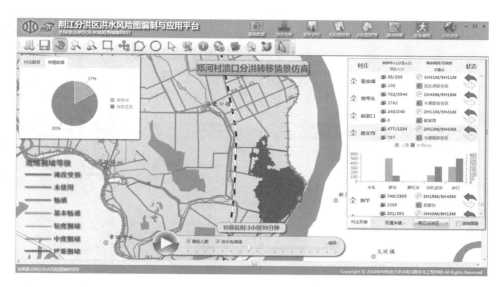

图 7-44　应急避险模拟

道路实时的拥挤变化情况；可人为修订各种转移交通工具的比例；支持手动修改每种交通工具的行驶速度。支持统一修改参数设置，或对每个村庄单独设置。避险转移方案管理模型参数设置界面如图 7-45 所示。

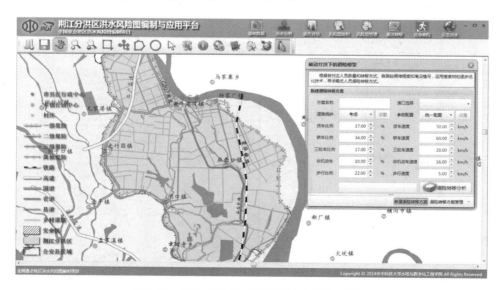

图 7-45　避险转移方案管理模型参数设置界面

　　若考虑避险转移过程中的道路拥堵情况动态变化情况,点击"设置"按钮,弹出参数修正对话框。分洪区内的所有避险转移可用道路分为四类:国道、省道、县道和乡村道路。不同类型的转移道路在不同拥堵程度下的通行能力不同,拥堵系数设置界面如图 7-46 所示,等效系数设置界面如图 7-47 所示,修改好后点击"确定"按钮,弹出"是否确认保存"的保存设置对话框,如图 7-48 所示。

图 7-46　转移道路拥堵系数设置界面

图 7-47　转移道路等效系数设置界面

图 7-48　转移道路拥堵参数设置对话框

　　点击"参数配置"下拉菜单中的"统一配置"选项,可直接在界面手动调整,统一修改荆江分洪区每个村庄转移的交通工具的占比和时速,并提供单独设置村级单位参数的功能,可选择"参数配置"下拉菜单中的"单独配置"选项,如图 7-49 所示。

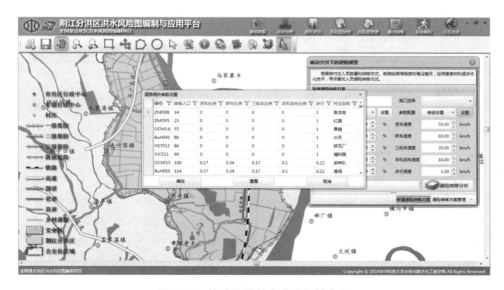

图 7-49　单独设置村庄道路拥挤参数

所有参数设置完后,点击"避险转移分析"按钮,被动避险模型开始实时计算,如图 7-50 所示。

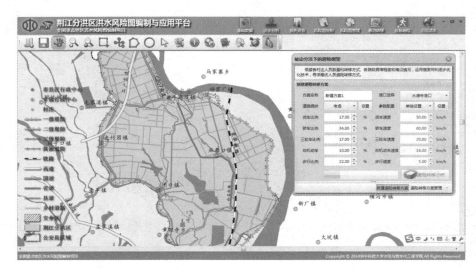

图 7-50 被动避险模型实时计算

模型计算进度条完成后,返回"新建避险转移方案"界面,查看计算结果,如图 7-51 所示。地图上显示规划出的避险转移路线,以带箭头的粗线表示,转移路线的箭头指明了前行的方向。优化方案栏内显示每条转移路线的详情描述。

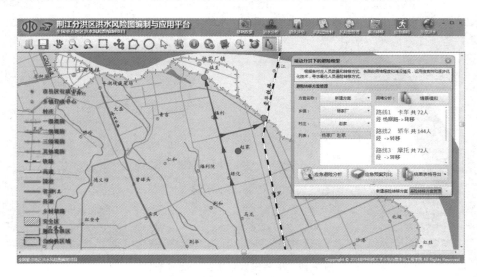

图 7-51 参数修正后的避险路线

参 考 文 献

[1] Milly P，Wetherald R，Dunne K，et al. Increasing risk of great floods in a changing climate[J]. Nature，2002，31：415，514-517.

[2] 张娟娟.三峡流域径流特性分析及中长期径流预报研究[D].武汉：华中科技大学，2013.

[3] Fang Liu，Jian-Zhong Zhou，Fang-Peng Qiu，et al. Biased Wavelet Neural Network and Its Application to Streamflow Forecast[J]. Lecture Notes in Computer Science，2006(Vol. 3971)：880-888.

[4] Fang Liu，Jian-Zhong Zhou，Jun-Jie Yang，et al. Nonlinear Hydrological Time Series Forecasting Based on the Relevance Vector Regression[J]. King et al. (Eds.)：ICONIP 2006. Lecture Notes in Computer Science，Vol. 4233. Springer-Verlag，Berlin Heidelberg，New York(2006)：880-889.

[5] Chui C K. An introduction to Wavelets[M]. London：Academic Press Limited，1991.

[6] Fang Liu，Jian-Zhong Zhou，Reng-Cun Fang，et al. An Improved Particle Swarm Optimization and Its Application in Long-term Streamflow Forecast [J]. International Conference on Machine Learning and Cybernetics(2005)：2913-2918.

[7] Fang Liu，Jian-Zhong Zhou，Jun-Jie Yang. The Application of Fuzzy System with Recursive Least Squares Method to Mid and Long-Term Runoff Forecast[C].//Proceedings of World Water and Environmental Resources Congress 2005. ASCE，2005：373-380.

[8] 刘力.三峡流域径流特性分析及预测研究[D].武汉：华中科技大学，2009.

[9] 刘芳，周建中，李涛，等.基于有偏小波网络的非线性时间序列分析[J].计算机工程，2007，(05)：10-12.

[10] 孙延奎.小波分析及其应用[M].北京：机械工业出版社，2005.

[11] 刘力，周建中，李英海，等.基于小波消噪的混沌径流预测模型[J].华中科技大学学报(自然科学版)，2009，37(7)：86-89.

[12] 刘芳，周建中，邱方鹏，等.基于相关向量回归的非线性时间序列预测方法[J].计算机工程，2008，(03)：1-2，5.

[13] Li Liu，Jianzhong Zhou，Xueli An，et al. Improved Fuzzy Clustering Method Based on Entropy Coefficient and Its Application[J]. Proceedings of 5th

International Symposium on Neural Networks，2008，5264 LNCS（PART 2）：11-20.

[14] 刘力,周建中,杨俊杰,等.基于改进粒子群优化算法的新安江模型参数优选[J].水力发电,2007,(07):16-19.

[15] 郭俊,周建中，王光谦，等．概念性流域水文模型参数多目标优化率定[J].水科学进展，2012，23(4)：447-456.

[16] 周建中,张娟娟,郭俊,等.基于小波消噪的混沌神经网络月径流预报模型[J].水资源研究,2012,1(3):65-71.

[17] Li Liu，JianZhong Zhou，XueLi An，et al．Improvement of the Grey Clustering Method and Its Application in Water Quality Assessment[J]．Proceedings of the 2007 International Conference on Wavelet Analysis and Pattern Recognition，2008，2：907-911.

[18] 郭俊,周建中,邹强,等.水文模型参数多目标优化率定及目标函数组合对优化结果的影响[J].四川大学学报(工程科学版),2011,43(6):58-63.

[19] 郭俊,周建中,王浩,等.系统理论水文模型结构与参数多目标优化[J].水力发电学报,2014,033(002):1-7.

[20] 郭俊,周建中,张勇传,等.基于改进支持向量机回归的日径流预测模型[J].水力发电,2010,36(3):12-15.

[21] 郭俊,周建中,邹强,等.新安江模型参数多目标优化研究[J].水文,2013,33(1):1-7,26.

[22] Jun Guo，Jianzhong Zhou，Lixiang Song，et al．Uncertainty assessment and optimization of hydrological model with the Shuffled Complex Evolution Metropolis algorithm：An application to artificial neural network rainfall-runoff model[J]．Stochastic Environmental Research and Risk Assessment，2013，27(4)：985-1004.

[23] Jun Guo，Jianzhong Zhou，Qiang Zou，et al．A Novel Multi-Objective Shuffled Complex Differential Evolution Algorithm with Application to Hydrological Model Parameter Optimization[J]．Water Resources Management，2013，27(8)：2923-2946.

[24] Jun Guo，Jianzhong Zhou，Hui Qin，et al．Monthly streamflow forecasting based on improved support vector machine model[J]．Expert Systems with Applications，2011，38(10)：13073-13081.

[25] Vrugt J A，Gupta H V，Bouten W，et al．A Shuffled Complex Evolution Metropolis algorithm for optimization and uncertainty assessment of hydrologic model parameters[J]．Water Resources Research，2003，39(8)，1201.

[26] Blasone R，Vrugt J A，Madsen H，et al．Generalized likelihood uncertainty

estimation（GLUE）using adaptive Markov Chain Monte Carlo sampling [J]. Advances in Water Resources，2008，31(4)：630-648.

［27］McMillan H，Clark M. Rainfall-runoff model calibration using informal likelihood measures within a Markov chain Monte Carlo sampling scheme [J]. Water Resources Research，2009，45(4)：W04418.

［28］Vrugt J A，ter Braak C J F，Gupta H V，et al. Equifinality of formal （DREAM）and informal（GLUE）Bayesian approaches in hydrologic modeling[J]. Stochastic Environmental Research and Risk Assessment，2009，23 (7)：1061-1062.

［29］Box G E P，Tiao G C. Bayesian inference in statistical analysis[M]. Massachusetts：Addison-Wesley-Longman，1973.

［30］Misirli F. Improving efficiency and effectiveness of Bayesian recursive parameter estimation for hydrologic models ［D］. Tucson：University of Arizona，2003.

［31］周雪漪. 计算水力学[M].北京:清华大学出版社，1995.

［32］谭维炎. 计算浅水动力学-有限体积法的应用[M]. 北京:清华大学出版社,1998.

［33］曹祖德，王运洪. 水动力泥沙数值模拟[M].天津:天津大学出版社.1994.

［34］Saint-Venant A J C. Théorie du mouvement non-permanent des eaus，avec application aux crues des rivières et à l'introduction des marées dans leur lit ［J］. Compte-Rendu à l'Académie des Sciences de Paris，1871，73：147-154.

［35］潘存鸿. 三角形网格下求解二维浅水方程的和谐 Godunov 格式[J]. 水科学进展,2007,18(2)：204-209.

［36］宋利祥,周建中,王光谦,等.溃坝水流数值计算的非结构有限体积模型[J]. 水科学进展,2011,22(03):373-381.

［37］王志力，耿艳芬，金生. 具有复杂计算域和地形的二维浅水流动数值模拟 [J]. 水利学报，2005，36(4)：439-444.

［38］宋利祥. 溃坝洪水数学模型及水动力学特性分析[D]. 武汉:华中科技大学，2012.

［39］Begnudelli L，Sanders B F. Unstructured grid finite-volume algorithm for shallow-water flow and scalar transport with wetting and drying[J]. Journal of Hydraulic Engineering，2006，132(4)：371-384.

［40］Liangxiang Song，Jiangzhong Zhou，Qingqing Li，et al. An unstructured finite volume model for dam-break floods with wet/dry fronts over complex topography[J]. International Journal for numerical methods in fluids，2011，67(8)：960-980.

[41] Song L，Zhou J，Zou Q，et al. Two-dimensional dam-break flood simulation on unstructured meshes[C]//2010 International Conference on Parallel and Distributed Computing，Applications and Technologies. IEEE，2010：465-469.

[42] Qiuhua Liang，Fabien Marche. Numerical resolution of well-balanced shallow water equations with complex source terms[J]. Advances in Water Resources，2009，32(6)：873-884.

[43] Qiuhua Liang，Alistaire G L，Borthwick. Adaptive quadtree simulation of shallow flows with wet-dry fronts over complex topography[J]. Computers & Fluids，2009,38(2):221-234.

[44] Lixiang Song，Jiangzhong Zhou，Jun Guo，et al. A robust well-balanced finite volume model for shallow water flows with wetting and drying over irregular terrain[J]. Advances in Water Resources，2011，34(7)，915-932.

[45] 宋利祥，周建中，郭俊，等. 复杂地形上坝堤溃决洪水演进的非结构有限体积模型[J]. 应用基础与工程科学学报，2012，20(1)：149-158.

[46] 宋利祥，周建中，邹强，等. 一维浅水方程的强和谐 Riemann 求解器[J]. 水动力学研究与进展（A 辑），2010(2)：231-238.

[47] 邹强. 洪灾风险综合分析与智能评价的理论与方法[D]. 武汉：华中科技大学，2013.

[48] 邹强，周建中，周超，等. 基于最大熵原理和属性区间识别理论的洪水灾害风险分析[J]. 水科学进展，2012，23(03)：323-333.

[49] 魏一鸣. 洪水灾害风险管理理论[M]. 北京：科学出版社，2002.

[50] 邹强，周建中，杨小玲，等. 属性区间识别模型在溃坝后果综合评价中的应用[J]. 四川大学学报（工程科学版），2011，43(02)：45-50.

[51] 邹强，周建中，周超，等. 基于可变模糊集理论的洪水灾害风险分析[J]. 农业工程学报，2012，28(05)：126-132.

[52] 陈守煜. 工程模糊集理论与应用[M]. 北京：国防工业出版社，1998.

[53] 陈守煜. 水资源与防洪系统可变模糊集理论与方法[M]. 大连：大连理工大学出版社，2005.

[54] 谢田. 基于 GIS 的荆江分蓄洪区洪灾损失动态评估及系统实现[D]. 武汉：华中科技大学，2011.

[55] 廖力. 洪灾多级模糊综合评估方法研究及实现[D]. 武汉：华中科技大学，2013.

[56] 彭广，刘立成，刘敏，等.洪涝[M].北京：气象出版社，2003.

[57] 葛全胜，邹铭，郑景云，等.中国自然灾害风险综合评估初步研究[M].北京：科学出版社，2008.

[58] 高庆华,马宗晋,张业成,等.自然灾害评估[M].北京:气象出版社,2007.

[59] Xiaoling Yang, Jianzhong Zhou, Jiehua Ding, et al. Study on evaluation methods of flood disaster grade attribute recognition analysis and BP neural network[C]. FSKD, 2009, 4:386-390.

[60] Deng Weiping, Zhou Jianzhong, Yang Xiaoling, et al. A real-time evaluation method based on cloud model for flood disaster[C]. ESIAT, 2009, 3:136-139.

[61] 付湘,王丽萍,边玮.洪水风险管理与保险[M].北京:科学出版社,2008.

[62] 裴宏志,曹淑敏,王惠敏.城市洪水风险管理与灾害补偿研究[M].北京:中国水利水电出版社,2008.

[63] 周成虎.洪水灾害评估信息系统研究[M].北京:中国科学技术出版社,1993.

[64] 谢龙大,王宁,卢可源,等.水旱灾害灾情评估方法的研究[J].浙江水利科技,2001,(6):1-4.

[65] 郑云鹤.分洪区洪灾经济损失估算[J].水利经济,1989,(1):27-32.

[66] 张成才,许志辉,孟令奎,等.水利地理信息系统[M].武汉:武汉大学出版社,2005.

[67] 陈丙咸,杨戊.基于 GIS 的流域洪涝数字模拟和灾情损失评估的研究[J].1996,11(4):309-314.

[68] De Jonge T, M Kok, M Hogeweg. Modelling floods and damage assessment using GIS[J]. IAHS, 1996:299-306.

[69] Werner M G F. Impact of grid size in GIS based flood extent mapping using a 1D flow model[J]. Physics and Chemistry of the Earth, Part B: Hydrology, Oceans and Atmosphere, 2001, 26(7-8):517-522.

[70] Profeti G, Macintosh H. Flood management through Landsat TM and ERS SAR data: a case study[J]. Hydrological Processes, 1997, 11(10):1397-1408.

[71] Dushmanta Dutta, Srikantha Herath, Katumi Musiake. A mathematical model for flood loss estimation[J]. Journal of Hydrology, 2003, 277(1-2):24-49.

[72] Van Dantzig D. Economic decision problems for flood prevention[J]. Econometrica: Journal of the Econometric Society, 1956, 24(3):276-287.

[73] 刘湘南,黄方,王平.GIS 空间分析原理与方法[M].北京:科学出版社,2008.

[74] 王远飞,何洪林.空间数据分析方法[M].北京:科学出版社,2007.

[75] 何必,李海涛,孙更新.地理信息系统原理教程[M].北京:清华大学出版社,2010.

[76] 张宏,温永宁,刘爱利,等.地理信息系统算法基础[M].北京:科学出版社,2006.

[77] 胡鹏,游涟,胡海.地图代数概论[M].北京:测绘出版社,2008.

[78] 田永中,陈述彭,岳天祥,等.基于土地利用的中国人口密度模拟[J].地理学

报，2004，59(2)：283-292.

[79] 杨存建，魏一鸣.基于遥感的洪水灾害承灾体神经网络的提取方法探讨[J].灾害学，1998，13(4)：1-6.

[80] 王远飞，何洪林.空间数据分析方法[M].北京：科学出版社，2007.

[81] 韦春夏.基于 ArcGIS 和 SketchUp 的三维 GIS 及其在洪水演进可视化中的应用研究[D].武汉：华中科技大学，2010.

[82] 王玉春.二维 GIS 在洪水风险分析与灾害评估系统中的应用研究[D].武汉：华中科技大学，2010.

[83] Xiaoling Yang, Jianzhong Zhou, Jiehua Ding, et. al. Study on Evaluation Methods of Flood Disaster Grade[C]. The Sixth International Conference on Fuzzy Systems and Knowledge Discovery. Tianjin China：FSKD 2009，(4)：386-390.

[84] 刘力，周建中，杨莉，等.基于熵权的灰色聚类在洪灾评估中的应用[J].自然灾害学报，2010，19(8)：213-218.

[85] 徐强，李静，陈健云.改进的灾害损失等级模糊划分模型[J].辽宁工程技术大学学报，2009，28(5)：739-741.

[86] Zhiwei Huang, Jianzhong Zhou, Lixiang Song, et al. Flood disaster loss comprehensive evaluation model based on optimization support vector machine[J]. Expert Systems with Applications，2010，37：3810-3814.

[87] Zhiwei Huang, Jianzhong Zhou, Lixiang Song, et al. Improved support vector machine and its application[J]. Applied Mechanics and Materials，2010，20-23：147-153.

[88] Li Jing, Chen Jian-yun, Xu Qiang. The Assessment Model about the Disaster-Bearing Capacity of City's Lifeline after Dam-Break[J]. International Conference on Management and Service Science，2009：1-4.

[89] 廖力，邹强，何耀耀，等.基于模糊投影寻踪聚类的洪灾评估模型[J].系统工程理论与实践，2015，35(09)：2422-2432.

[90] 刘力，周建中，杨俊杰，等.基于信息熵的改进模糊综合评价方法[J].计算机工程，2009，35(18)：4-6.

[91] 卢有麟，周建中，宋利祥，等.基于 CCPSO 及 PP 模型的洪灾评估方法及其仿真应用[J].系统仿真学报，2010，22(2)：383-387.

[92] 杨小玲，周建中，丁杰华，等.基于熵值法的洪灾等级评估属性识别模型[J].人民长江，2010，41(12)：16-19.

[93] 李琼，周建中.改进主成分分析法在洪灾损失评估中的应用[J].水电能源科学，2010，28(3)：39-42.

[94] 李琼，周建中.加权主成分分析法在洪灾损失评估中的应用[J].人民黄河，

2010，32(6)：22-23.

[95] Bezdek J C. A Physical Interpretation of Fuzzy ISODATA[J]. IEEE Trans Systems Man Cybern Vol，SME-6，1976.

[96] Chen S M，Tan J M. Handling Multicriteria Fuzzy Decision Making Problems Based on Vague Sets Theory[J]. Fuzzy Sets and Systems，1994，67：163-172.

[97] Bender M J，Simonovic S P. A fuzzy compromise approacho to water resources systems planning under uncertainty[J]. Fuzzy Sets and Systems，2000，115：35-44.

[98] 王本德，于义彬，刘金禄，等. 水库洪水调度系统的模糊循环迭代模型及应用[J]. 水科学进展，2004，15(2)：233-237.

[99] Chen S Y，Wang S Y. Fuzzy Clustering Algorithmic and Rationality Test Model[J]. Proceedings of the 5th World Congress on Intelligent Control and Automation，2004：2339-2343.

[100] 孙倩，段春青，邱林，等. 基于熵权的模糊聚类模型在洪水分类中的应用[J]. 华北水利水电学院学报，2007，28(5)：4-6.

[101] 于雪峰，陈守煜. 模糊聚类迭代模型在洪水灾害度划分中应用[J]. 大连理工大学学报，2005，45(1)：128-131.

[102] Storn R，Price K. Differential evolution-a simple and efficient adaptive scheme for global optimization over continuous spaces[J]. Technical Report. International Computer Science Institute，1995(8)：22-25.

[103] Price K，Storn R. Minimizing the real function of the ICEC'96 contest by differential evolutions[J]. IEEE International Conference on Evolutionary Computation，Nagoya，1996：842- 844.

[104] Storn R，Price K. Differential evolution—A simple and efficient heuristic for global optimization over continuous spaces[J]. Journal of Global Optimization，1997，11：341-359.

[105] Salman S，Engelbrecht A，Omran H. Empirical analysis of self-adaptive differential evolution [J]. European Journal of Operational Research，2007，183：785-803.

[106] 刘波，王凌，金以慧. 差分进化算法研究进展[J]. 控制与决策，2002，22(7)：721-729.

[107] Zhang Jingqiao，Sanderson A C. JADE：Adaptive Differential Evolution with Optional External Archive[J]. IEEE Transactions on evolutionary computation，2009，13(5)：945-958.

[108] Garrison W Greenwood. Using Differential Evolution for a Subclass of

Graph Theory Problems[J]. IEEE Transactions on evolutionary computation, 2009,13(5)：1190-1192.

[109] 刘宁，王建华，赵建世. 现代水资源系统解析与决策方法研究［M］. 北京：科学出版社，2010.

[110] Abiteboul S，Buneman P，Suciu D. Data on the Web：from relations to semistructured data and XML［M］. San Francisco：Morgan Kaufmann Pub，2000.

[111] Schäfer E，Becker J D，Jarke M. DB-Prism：Integrated data warehouses and knowledge networks for bank controlling[C]. Proceedings of the international conference on very large data bases，2000，715-718.

[112] Schwinn A，Schelp J. Data integration patterns ［J］. Business Information Systems，Colorado Springs,2003，232-238.

[113] 邓绪斌. 面向复杂数据源的数据抽取模型和算法研究[D]. 上海：复旦大学，2005.

[114] Anokhin P，Motro A. Data integration：Inconsistency detection and resolution based on source properties[C]. Proceedings of FMII-01，International Workshop on Foundations of Models for Information Integration，2001.

[115] Rahm E，Do H H. Data cleaning：Problems and current approaches ［J］. IEEE Data Engineering Bulletin，23(4)：3-13, 2000.

[116] Schallehn E，Sattler K U，Saake G. Efficient similarity-based operations for data integration ［J］. Data & Knowledge Engineering，48(3)：361-387，2004.

[117] Quesenbery W. The five dimensions of usability ［J］. Content and complexity：Information design in technical communication，75-93，2003.

[118] 苏红军，闫志刚，栗敏光,等. 基于 ArcScene 的洪水淹没分析系统[J]. 中国水运(学术版)，2006，04：198-203.

[119] 邹强，周建中，周超,等. 基于可变模糊集理论的洪水灾害风险分析[J]. 农业工程学报，2012，28(05)：126-132.

[120] 周品，李勇，谭建军,等. 基于 DEM 的洪水演进计算机算法优化研究[J]. 微计算机信息，2007，23(3)：196-198.

[121] 杜鹃，何飞，史培军. 湘江流域洪水灾害综合风险评价[J]. 自然灾害学报，2006，15(6)：38-44.

[122] 王文圣,金菊良,李跃清. 基于集对分析的自然灾害风险度综合评价研究[J]. 四川大学学报：工程科学版，2009,41(6):6-12.

[123] 张娟娟.三峡流域径流特性分析及中长期径流预报研究[D].武汉:华中科技大学,2013.